高职高专计算机类专业系列教材

C 语言程序设计立体化教程练习册

主　编　廖智蓉

副主编　彭小玲　梁建平　高兴媛

西安电子科技大学出版社

内 容 简 介

本书是《C 语言程序设计立体化教程》(廖智蓉主编，西安电子科技大学出版社出版)的配套练习册。本书共两篇：基础知识篇和实战篇。基础知识篇中设置了主教材中各项目的知识要点和习题；实战篇中设置了上机考试题和笔试模拟题，内容全面覆盖了"全国计算机等级考试二级 C 语言程序设计考试大纲"的知识点。附录中提供了各项目习题及上机考试题、笔试模拟题的参考答案，以便读者检测知识点的掌握情况。另外，本书配备了部分上机考试题的讲解视频，读者可以通过扫描二维码的方式获取视频资源，从而进行反复学习。

本书可作为高职高专院校计算机类及相关专业学生的 C 语言程序设计练习册，也可作为计算机二级考试的复习资料。

图书在版编目(CIP)数据

C 语言程序设计立体化教程练习册 /廖智蓉主编. —西安：西安电子科技大学出版社，2021.8(2023.4 重印)
ISBN 978-7-5606-6149-0

Ⅰ. ①C… Ⅱ. ①廖… Ⅲ. ①C 语言—程序设计—高等职业教育—教材 Ⅳ. ①TP312.8

中国版本图书馆 CIP 数据核字(2021)第 148976 号

策　　划　刘小莉
责任编辑　刘小莉
出版发行　西安电子科技大学出版社(西安市太白南路 2 号)
电　　话　(029)88202421　88201467　　　　邮　　编　710071
网　　址　www.xduph.com　　　　　　电子邮箱　xdupfxb001@163.com
经　　销　新华书店
印刷单位　陕西日报社
版　　次　2021 年 8 月第 1 版　2023 年 4 月第 2 次印刷
开　　本　787 毫米×1092 毫米　1/16　印张 8.75
字　　数　204 千字
印　　数　3001～5000 册
定　　价　26.00 元
ISBN978-7-5606-6149-0 / TP
XDUP6451001-2
如有印装问题可调换

前　言

  C 语言作为一种计算机编程语言，从其产生到现在，已成为最重要、最通用和最流行的编程语言之一。精通 C 语言是每一个计算机技术人员的基本功之一，计算机类相关专业的学生都要学习 C 语言。

  本书作为 C 语言程序设计练习册，具有以下主要特点：

  (1) 内容编排由浅入深。

  本书共两篇：基础知识篇和实战篇。基础知识篇中设置了主教材中各项目的知识要点和习题，旨在加强读者对基础知识的巩固复习；实战篇中设置了上机考试题和笔试模拟题，其综合性较强，旨在提升读者阅读和编写程序的能力。

  (2) 配备视频资源。

  本书配备了部分上机考试题的讲解视频，读者可以通过扫描二维码的方式获取视频资源，从而进行反复学习。

  (3) 融合考证内容。

  为了检测读者对 C 语言基础知识及编程方法的掌握情况，并助力读者备考计算机二级考试，本书安排了一定量的综合性试题。上机考试题及笔试模拟题都紧扣"全国计算机等级考试二级 C 语言程序设计考试大纲"的要求，其中一部分就是浙江省历年考试真题及模拟题，这些对于读者来说都是难得的复习资料。

  浙江长征职业技术学院廖智蓉担任本书主编；浙江长征职业技术学院彭小玲、梁建平、高兴媛担任副主编。廖智蓉负责确定编写框架及统稿工作。

  由于编者水平有限，书中难免有疏漏之处，恳请读者批评指正，以便再版时完善。

编　者
2021 年 5 月

目　　录

基 础 知 识 篇

实 　 战 　 篇

基础知识篇

项目 1 开启 C 语言程序设计之门

1.1 知识要点

(1) C 语言中的标识符只能由字母、数字和下划线三种字符组成，且第一个字符必须为字母或下划线。

(2) C 语言的保留字也称为关键字，常用的有 auto、break、case、char、continue、default、do、double、else、float、for、if、int、long、return、short、switch、sizeof、static、struct、void、while、typedef。

(3) 一个 C 语言程序由若干个函数组成，这些函数的位置可以任意，但必须包含且只能有一个 main( )函数，而且一个 C 语言程序总是从 main( )函数开始执行，在 main( )函数中结束。而函数又由若干条语句构成，每条语句都以分号作为结束。一条语句可以写在多行上，且一行上可以写多条语句。特别要注意的是，C 语言程序是严格区分大小写字母的。

(4) 一个 C 语言程序的上机过程：先编写源程序(.c 或.cpp)；再通过系统将源程序进行编译，生成目标程序(.obj)；最后进行连接，形成可执行程序(.exe)。

1.2 练一练

单选题

1. C 语言中的标识符只能由字母、数字和下划线三种字符组成，且第一个字符_____。

A. 必须为字母或下划线   B. 必须为下划线

C. 必须为字母   D. 可以是字母、数字和下划线中的任一种字符

2. 下列选项中，正确的自定义标识符是_____。

A. a=2   B. a+b   C. name   D. default

3. 下列选项中，合法的用户标识符为_____。

A. _98   B. P#d   C. a*   D. void

4. 组成 C 语言程序的是_____。

A. 子程序   B. 过程   C. 函数   D. 主程序和子程序

5. 在一个 C 语言程序中，main( )函数_____。

A. 必须出现在所有函数之前   B. 可以在任何地方出现

C. 必须出现在所有函数之后   D. 必须出现在固定位置

项目 2　制作简易计算器

2.1　知识要点

(1) C 语言的数据类型如图 1 所示。

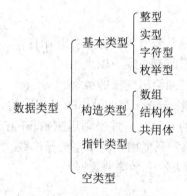

图 1　C 语言的数据类型

(2) 常量是指在程序运行过程中，其值不能被改变的量。

(3) 字符常量是由一对单引号括起来的单个字符构成的；字符串常量是由一对双引号括起来的若干字符序列构成的。

(4) 变量是指在程序运行过程中其值可以被改变的量。一个变量的三要素：变量类型、变量名、变量值。变量在使用之前必须进行定义。

(5) 基本数据类型变量的定义格式：

　　　类型说明符　变量名标识符；

(6) 基本数据类型的输入/输出格式控制说明如图 2 所示。

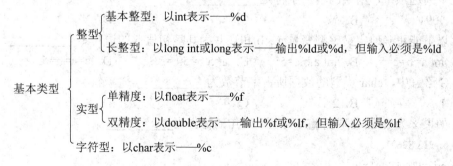

图 2　基本数据类型的输入/输出格式控制说明

(7) 输入函数 scanf( )的格式：

　　scanf("格式控制",地址列表);

(8) 输出函数 printf( )的格式：

　　printf("格式控制",输出列表);

(9) 在 "a / b" 运算中，若操作数 a 和 b 均为整数，则执行取整运算，舍去小数部分；若 a 和 b 中至少有一个是实数，则执行除法运算，结果是商值。"a%b" 就是求余数运算，要求 a 和 b 必须为整数，"%" 运算符不能用于其他数据类型的运算。

(10) 数据类型转换方法有两种：一种是系统自动转换，转换规则为 char→int→float→double；另一种是人为强制转换，转换格式为 "(类型说明符)(表达式)"。

2.2　练一练

一、判断题

(　　) 1. printf( )函数总是从新行的起始位置开始打印。

(　　) 2. 所有变量在使用前都必须予以声明。

(　　) 3. 在声明变量时必须给出变量的类型。

(　　) 4. C 语言认为变量 number 和 NuMbEr 是相同的。

(　　) 5. 打印三行输出的 C 语言程序必须用三条 printf 语句。

(　　) 6. 取余运算符 "%" 只能用于两个整数操作数。

(　　) 7. "%D" 可以用来输出字符型数据。

二、单选题

1. 下列不属于字符型常量的是_____。

A. 'A'　　　　　　B. "B"　　　　　　C. '\n'　　　　　　D. 'D'

2. 若有定义：

　　int　a = 7;　float　x = 2.5，y = 4.7；

则表达式 x + a % 3 * (int) (x + y) % 2/4 的值是_____。

A. 2.750000　　B. 0.00000　　　C. 3.500000　　　D. 2.500000

3. 已知 ch 是字符型变量，下面不正确的赋值语句是_____。

A. ch = 5 + 9;　　B. ch = ' a + b ';　　C. ch = ' \ 0 ';　　　D. ch= '7' + '6';

4. 下列选项中，错误的转义字符是_____。

A. '\091'　　　　B. '\\'　　　　　C. '\0'　　　　　　D. '\"'

5. 以下能正确地定义整型变量 a、b 和 c 并为其赋初值 5 的语句是_____。

A. int a=b=c=5;　　B. int a,b,c=5;　　C. a=5,b=5,c=5;　　　D. a=c=b=5;

6. C 语言中，char 类型的数据所占字节数为_____。

A. 1　　　　　　B. 2　　　　　　C. 4　　　　　　D. 8

7. 如果 x 为 float 类型变量，则以下语句的输出为_____。

　　x=213.82631;

　　printf("%4.2f\n",x);

A. 宽度不够，不能输出　　　　　　B. 213.82

C. 213.82631　　　　　　　　　　D. 213.83

8. 在 C 语言中，合法的字符型常量是_____。

A. '\084'　　　　B. '\x43'　　　　C. 'ab'　　　　D. "\0"

9. 不能正确表示 ab 除以 cd 的 C 语言表达式是_____。

A. a*b/c*d　　　B. a/(c*d)*b　　　C. a*b/c/d　　　D. a*b/(c*d)

10. 若有以下定义：

char a; int b;

float c; double d;

则表达式 a*b+d-c 值的类型为_____。

A. float　　　　B. int　　　　C. char　　　　D. double

11. 下列可以用作变量名的是_____。

A. 1　　　　　B. a1　　　　　C. int　　　　　D. *p

12. C 语言中最简单的数据类型包括_____。

A. 整型、实型、逻辑型　　　　　　B. 整型、实型、字符型

C. 整型、字符型、逻辑型　　　　　D. 整型、实型、逻辑型、字符型

13. 若 ch 为 char 型变量(已知字符 a 的 ASCII 码是 97)，则执行下列语句后的输出为_____。

ch='a';

printf("%x,%o",ch,ch);

A. 97,97　　　B. 61,97　　　C. 97,61　　　D. 61,141

14. 下列程序的输出结果是_____。

```
#include<stdio.h>
main( )
{
    int a=9;
    a+=a-=a+a;
    printf("%d",a);
}
```

A. 18　　　　B. 9　　　　C. −18　　　　D. −9

15. 下列程序的输出结果是_____。

```
#include<stdio.h>
main( )
{
    double d=3.2;
    int x,y,z ; x=1.2;
    y=(x+3.8)/5.0;
    z=(d+3.8)/5.0;
    printf("%d,%d\n",y,z);
}
```

A. 1,1　　　B. 0,0　　　C. 0,1　　　D. 1,0

16. 下列程序的输出结果是_____。

```
#include<stdio.h>
main( )
{
    double d ;   float f ;   long l ; int i;
    i=f=l=d=20/3;
    printf("%d,%ld,%f,%f\n",i,l,f,d) ;
}
```

A. 6, 6, 6.000000, 6.000000   B. 6, 6, 6.666667, 6.666667

C. 6, 6, 6.0, 6.7   D. 6, 6, 6.7, 6.0

17. 若从键盘输入"9876543210<回车>"，则下列程序的输出结果是_____。

```
#include<stdio.h>
main( )
{
    int a; float b,c;
    scanf("%2d%3f%4f",&a,&b,&c);
    printf("\na=%d,b=%f,c=%f,\n",a,b,c) ;
}
```

A. a=98,b=765,c=4321

B. a=10,b=432,c=8765

C. a=98,b=765.000000,c=4321.000000

D. a=98,b=765.0,c=4321.0

18. 已知 i、j、k 为 int 型变量，若从键盘输入"1，2，3<回车>"，使 i 的值为 1，j 的值为 2，k 的值为 3，则以下选项中正确的输入语句是_____。

A. scanf("%2d%2d%2d",&i,&j,&k);   B. scanf("%d   %d   %d",&i,&j,&k);

C. scanf("%d,%d,%d",&i,&j,&k);   D. scanf("i=%d,j=%d,k=%d",&i,&j,&k);

项目 3 制作五子棋游戏菜单界面

3.1 知识要点

(1) 关系运算符及表达式。

关系运算符实际就是比较运算符，用于对参与运算的两者进行比较。

关系运算符有：

＞(大于)、＞=(大于等于)、＜(小于)、＜=(小于等于)、= =(等于)、!=(不等于)。

优先级：前 4 个优先级相同，后 2 个也相同，且前 4 个优先级高于后 2 个。

关系表达式的结果：真(1)和假(0)。

(2) 逻辑运算符及表达式。

当有多个关系需要表达的时候，需要使用逻辑运算符来连接这些表达式。比如 x 大于 0 且小于等于 100，显然这里存在两个关系运算，即 x>0 且 x<=100，此时就需要使用逻辑运算符来连接这个关系。

逻辑运算符有：&&(与)、||(或)、! (非)。

优先级：! 优先于&&，&&优先于||。

运算规则：

① a&&b&&c…&&n：只有当 a，b，c，…，n 均为真(非 0)的时候，运算结果才为真，只要一个为假，其结果都为假。

② a||b||c…||n：只有当 a，b，c，…，n 均为假(0)的时候，运算结果才为假，只要一个为真，其结果都为真。

③ !a：若 a 为非零数，则!a 的结果为 0；若 a 为 0，则!a 的结果为 1。

逻辑表达式的结果：真(1)和假(0)。

(3) 选择结构(分支结构)。

语句分类：

① 单分支语句：

    if(条件 C)

        P;

② 双分支语句：

    if(条件 C)

        P1;

    else

        P2;

③ 多分支语句：if…else 嵌套的具体形式要根据实际应用而变换。

多分支语句在有些实际应用中也可以用开关语句来实现。开关语句格式如下：

```
switch(表达式)
{
    case 常量表达式 1:语句组 1;break;
    case 常量表达式 2:语句组 2;break;
         ⋮
    case 常量表达式 i:语句组 i;break;
         ⋮
    case 常量表达式 n:语句组 n;break;
    default:语句组 n+1;
}
```

(4) 循环结构。

① for 语句：

```
for(初始表达式 1;条件表达式 2;循环增量表达式 3)
    {语句 P;}
```

② while 语句：

```
while(条件表达式 C)
    {语句 P;}
```

③ do⋯while 语句：

```
do
    {语句 P;}
while(循环条件表达式 C);
```

④ 三种循环结构的总结：

(i) for 语句和 while 语句先判断条件，后执行语句，故循环体有可能一次也不执行，而 do⋯while 语句的循环体至少执行一次。

(ii) 必须在 while 语句和 do⋯while 语句之前对循环体变量赋初值，而 for 语句可以在表达式 1 中对循环变量赋初值。

(iii) 在循环次数已经确定的情况下，习惯用 for 语句；而对于循环次数不确定只给出循环结束条件的问题，习惯用 while 语句解决。

⑤ 循环嵌套。对于一些比较复杂的问题需要使用多重循环才能解决，其本质思想就是枚举。

(5) break 语句和 continue 语句。

① break 语句：主要用于循环次数或者循环条件未知的情况，一旦遇到此语句就强制性终止包含该语句的循环。

② continue 语句：结束本次循环，进入下次循环。

(6) C 语言专属运算。

① ++和--：对变量进行自增 1 或者自减 1。

② 条件运算符的使用格式：

```
表达式 1?表达式 2:表达式 3
```

上述格式构成一个表达式，当表达式 1 的值为"真"时，表达式 2 的值为表达式的结果，否则表达式 3 的值为表达式的结果。

③ 逗号运算符通过逗号将多个子表达式加以分隔，构成一个逗号表达式。逗号表达式的值为各子表达式中最右边表达式的值。

3.2　练一练

一、单选题

1. 若定义：

```
int a,b,c;
```

则执行表达式 a=b=1，a++，b+1，c=a+b--后，a、b 和 c 的值分别是_____。

A. 2，1，2　　　　B. 2，0，3　　　　C. 2，2，3　　　　D. 2，1，3

2. 以下不符合 C 语言语法的赋值语句是_____。

A. i++;　　　　B. i=5;　　　　C. k=(2*4,k*4);　　　　D. y=float(i);

3. 执行语句：

```
int a=5;
a++;
```

则最后 a 的值是_____。

A. 7　　　　B. 6　　　　C. 8　　　　D. 4

4. 下面程序的输出语句中，a 的值是_____。

```
#include<stdio.h>
main( )
{
    int a;
    printf("%d\n",(a=3*5,a*4,a＋5));
}
```

A. 65　　　　B. 20　　　　C. 15　　　　D. 10

5. 若定义：

```
int x=10，y=3，z;
```

则语句

```
printf("%d\n",z=(x%y,x/y));
```

的输出结果是_____。

A. 1　　　　B. 0　　　　C. 4　　　　D. 3

6. 下列程序的输出结果是_____。

```
#include<stdio.h>
main( )
{
    int x=10，y=10;
    printf("%d %d\n",x--,--y);
```

```
    }
```

A. 10 10 　　　　　B. 9 9 　　　　　C. 9 10 　　　　　D. 10 9

7. 下列程序的输出结果是_____。

```
#include<stdio.h>
main( )
{
    int x=12,y=12;
    printf("%d %d\n",x--,--y);
}
```

A. 12 12 　　　　　B. 11 11 　　　　　C. 11 12 　　　　　D. 12 11

8. 下列程序的输出结果是_____。

```
#include<stdio.h>
main( )
{
    float x,y;
    x=0;
    if(x<0.0)
        y=0.0;
    else if((x<5.0)&&(x!=2))
        y=1.0/(x+2.0);
    else if(x<10.0)
        y=1.0/x;
    else y=10.0;
    printf("%f\n",y) ;
}
```

A. 0.000000 　　　B. 0.250000 　　　C. 0.500000 　　　D. 1.000000

9. 下列程序的输出结果是_____。

```
#include<stdio.h>
main( )
{
    int m=5;
    if(m++>5)
        printf("%d\n",m);
    else
        printf("%d\n",m--) ;
}
```

A. 7 　　　　　　　B. 6 　　　　　　　C. 5 　　　　　　　D. 4

10. 下列程序的输出结果是_____。

```
#include<stdio.h>
```

```
main( )
{
    int a=-1,b=1,k;
    if((++a<0)&&!(b--<=0))
        printf("%d   %d\n",a,b);
    else
        printf("%d   %d\n",b,a);
}
```

A. −1　1　　　　　B. 0　1　　　　　C. 1　0　　　　　D. 0　0

11. 下列程序的输出结果是_____。

```
#include<stdio.h>
main( )
{
    int x=100,a=10,b=20,ok1=5,ok2=0;
    if(a<b)
    if(b!=15)
    if(!ok1)
        x=1;
    else
    if(ok2)
        x=10;
    else
        x=-1;
    printf("%d\n",x);
}
```

A. −1　　　　　　B. 0　　　　　　C. 1　　　　　　D. 2

12. 下列程序的输出结果是_____。

```
#include<stdio.h>
main( )
{
    int a,b,c,x;
    a=b=c=0;
    x=35;
    if(!a)
        x--;
    else if(b);
    if(c)
        x=3;
    else
```

```
        x=4;
      printf("%d\n",x) ;
    }
```

A. 34　　　　　　B. 4　　　　　　C. 35　　　　　　D. 3

13. 若有定义:

　　float w;int a,b;

则下列选项中正确的是_____。

　　A. switch(w)
　　　{case 1:printf("*\n");
　　　 case 2:printf("**\n");}

　　B. switch(a)
　　　{case 1.0:printf("*\n");
　　　 case 2.0:printf("**\n"); }

　　C. switch(a)
　　　{case 1:printf("*\n");
　　　 default:printf("\n");
　　　 case 1+2:printf("**\n"); }

　　D. switch(a+b);
　　　{case 1:printf("*\n");
　　　 case 2:printf("**\n");
　　　 default:("\n"); }

14. 与 "y=(x>0?1:x<0?-1:0);" 的功能相同的 if 语句是_____。

　　A. if(x>0) y=1;
　　　else if(x<0) y=-1;
　　　else y=0;

　　B. if(x)
　　　if(x>0) y=1;
　　　else if(x<0) y=-1;
　　　else y=0;
　　　y=-1;

　　C. if(x)
　　　if(x>0) y=1;
　　　else if(x==0) y=0;
　　　else y=-1;
　　　y=0;

　　D. if(x>=0)
　　　if(x>0) y=1;
　　　else y=-1;

15. 下列程序的输出结果是_____。

```
#include <stdio.h>
main( )
{
    int   a,b,c=246;
    a=c/100%9;
    b=(-1)&&(-1);
    printf("%d,%d\n",a,b);
}
```

A. 2,1　　　　　　B. 3,2　　　　　　C. 4,3　　　　　　D. 2,−1

16. 下列程序的输出结果是_____。

```
#include<stdio.h>
main( )
{
    int i=0,sum=2;
    do
    sum+=i++;
    while(i<6);
    printf("%d\n",sum) ;
}
```

A. 15　　　　　　B. 16　　　　　　C. 17　　　　　　D. 18

17. 下列程序的输出结果是_____。

```
#include<stdio.h>
main( )
{
    int x;
    for (x=3;x<6;x++)
    printf((x%2)?("**%d"):("##%d\n"),x) ;
}
```

A. **3##4　　　　B. ##3　　　　　C. ##3**4　　　　D. **3##4
　　**5　　　　　　　**4##5　　　　　**5　　　　　　　##5

18. 程序如下：

```
#include <stdio.h>
#include <math.h>
main( )
{
    float x,y,z;
    scanf("%f%f",&x,&y);z=x/y;
    while(1)
    {if (fabs(z)>1.0)
```

```
      {x=y;y=z;z=x/y;}
      else
      break; }
      printf("%f\n",y) ;
   }
```

输入"3.6　2.4"后回车，则结果为_____。

　　A. 1.500000　　　　B. 1.600000　　　　C. 2.000000　　　　D. 2.400000

19. 下列程序的输出结果是_____。

```
   #include <stdio.h>
   main( )
   {
      int i=0,a=0;
      while(i<20)
      {for(;;)
         if (i%10==0) break; else i--;
      i+=11;a+=i ; }
      printf("%d\n",a) ;
   }
```

　　A. 21　　　　　　　B. 32　　　　　　　C. 33　　　　　　　D. 11

20. 下列程序的输出结果是_____。

```
   #include <stdio.h>
   main( )
   {
      int u=24,v=16,w;
      while(v)
      {w=u % v; u=v ; v=w;}
      printf("%d\n",u);
   }
```

　　A. 7　　　　　　　B. 8　　　　　　　C. 9　　　　　　　D. 10

21. 假定 a 和 b 为 int 型变量，则执行以下语句后 b 的值为_____。

```
   #include <stdio.h>
   main( )
   {
      int a=1, b=10;
      do
      { b-=a;a++;}
      while (b--<0);
      printf("%d\n",b);
   }
```

A. 9　　　　　　B. −2　　　　　C. −1　　　　　D. 8

22. 下列程序的输出结果为_____。

```
#include <stdio.h>
main( )
{
    int i,j,x=0;
    for(i=0;i<2;i++)
    {x++;
    for(j=0;j<=3;j++)
    {if(j%2)continue;
    x++; }
    x++;
     }
    printf("x=%d\n",x);
}
```

A. x=4　　　　　B. x=8　　　　　C. x=6　　　　　D. x=12

23. 下列程序的输出结果是_____。

```
#include<stdio.h>
main( )
{
    int num=0;
    while(num<=2)
    {num++;printf("%d\n",num);}
}
```

A. 1　　　　　B. 1　　　　　C. 1　　　　　D. 1
　　　　　　　　　 2　　　　　　 2　　　　　　 2
　　　　　　　　　　　　　　　 3　　　　　　 3
　　　　　　　　　　　　　　　　　　　　　 4

24. 下列程序的输出结果是_____。

```
#include<stdio.h>
main( )
{
    int k=4,n=0;
    for( ; n<k ; )
    { n++;
      if(n%3!=0) continue;
      k--; }
    printf("%d,%d\n",k,n);
}
```

A. 1,1　　　　　　B. 2,2　　　　　　C. 3,3　　　　　　D. 4,4

25. 下列程序的输出结果是_____。

```
#include<stdio.h>
main( )
{
    int   x=3;
    do{
        printf("%d",x-=2);}
    while (!(--x));
}
```

A. 1　　　　　　　B. 3 0　　　　　　C. 1 −2　　　　　　D. 死循环

二、程序阅读题

1. 下列程序的输出结果是_____。

```
#include<stdio.h>
main( )
{
    int a=2,b=-1,c=2;
    if (a<b)
    if(b<0)
    c=0;
    else
    c+=1;
    printf("%d\n",c) ;
}
```

2. 下列程序的输出结果是_____。

```
#include<stdio.h>
main( )
{
    int a=-1,b=4,k;
    k=(a++<0)&&(!(b--<=0));
    printf("%d%d%d\n",k,a,b) ;
}
```

3. 下列程序的输出结果是_____。

```
#include<stdio.h>
main( )
{
    int x=1,y=0,a=0,b=0;
    switch(x)
    {case 1 : switch(y)
```

```
            { case 0:a++;break;
               case 1:b++;break; }
               case 2 : a++;b++;break; }
         printf("a=%d,b=%d\n",a,b);
    }
```

4. 当 a 的值分别为 1、2、3 时，程序的输出结果是_____。

```
    #include<stdio.h>
    main( )
    {
        int a;
        printf("Please enter a=");
        scanf("%d",&a);
        switch(a)
            {case 1:printf("*");break;
             default:printf("#");
             case 2:printf("-") ; }
    }
```

5. 输入 "teacher" 时，下列程序的输出结果是_____。

```
    #include<stdio.h>
    main( )
    {
        char c; int v0=0,v1=0;
        do
        switch(c=getchar( ))
            {case 'a':
             case 'b':
             case 'c':v0++;
             default: v1++ ; }
        while(c!='\n');
        printf("v0=%d,v1=%d\n",v0,v1) ;
    }
```

6. 下列程序的输出结果是_____。

```
    #include<stdio.h>
    main( )
    {
        int j,k,s1,s2;
        s1=s2=0;
        for(j=1;j<=5;j++)
        {
```

```
            s1++;
            for(k=1;k<=j;k++)
                s2++;
        }
        printf("%d %d",s1,s2);
    }
```

7. 下列程序的输出结果是_____。

```
#include<stdio.h>
main( )
{
    int j,k,s1,s2;
    s1=0;
    for(j=1;j<=5;j++)
    {
        s1++;
        for(k=1,s2=0;k<=j;k++)
            s2++;
    }
    printf("%d %d",s1,s2);
}
```

8. 下列程序的输出结果是_____。

```
#include<stdio.h>
main( )
{
    int j,k,s1,s2;
    s1=0;
    for(j=1;j<=5;j++)
    {
        s1++;
        for(k=1;k<=j;k++,s2=0)
            s2++;
    }
    printf("%d %d",s1,s2);
}
```

9. 下列程序的输出结果是_____。

```
#include<stdio.h>
main( )
{
    int j,k,s1,s2;
```

```
        s1=s2=0;
        for(j=1;j<=5;j++,s1=0)
        {
            s1++;
            for(k=1;k<=j;k++)
                s2++;
        }
        printf("%d %d",s1,s2);
    }
```

10. 下列程序的输出结果是_____。

```
    #include<stdio.h>
    main( )
    {
        int i,m=15,y=-1;
        for(i=2;i<=m/2;i++)
            if(m%i==0) y=0;
            else y=1;
        printf("%d",y);
    }
```

11. 下列程序的输出结果是_____。

```
    #include<stdio.h>
    main( )
    {
        int i,m=15,y=-1;
        for(i=2;i<=m/2;i++)
            if(m%i==0) {y=0;break;}
        printf("%d",y);
    }
```

12. 下列程序的输出结果是_____。

```
    #include<stdio.h>
    main( )
    {
        int i,m=15,y=-1;
        for(i=2;i<=m/2;i++)
            if(m%i==0) break;
        if(i>m/2) y=1;
        else y=0;
        printf("%d",y);
    }
```

13. 下列程序的输出结果是_____。

```c
#include<stdio.h>
main( )
{
    int i,m=15,y=-1;
    for(i=2;i<=m/2;i++)
        if(m%i==0) {break; y=0;}
    printf("%d",y);
}
```

项目 4　模拟 ATM 工作流程

4.1　知识要点

(1) 函数是实现一个特定功能的模块，该模块由若干条语句构成。

(2) C 语言程序的模块化结构特点：

① 一个 C 语言程序可以由若干个函数构成，在这些函数中，有且只有一个主函数即 main( )。

② 一个 C 语言程序无论有多少个函数，程序必须从主函数开始运行，并结束于主函数。

③ 函数间的位置可以是任意的，包括主函数。

④ 函数间彼此平行，独立定义，可以嵌套调用，但不可以嵌套定义。

⑤ 函数间虽然可以相互调用，但是不能调用 main( )函数。

(3) 从用户使用的角度，可将函数分为库函数和用户自定义的函数；从函数参数形式的角度，可将函数分为无参函数和带参函数。

(4) 函数的优点：使程序变得更简短而清晰；有利于程序维护；可以提高程序开发的效率；提高代码的重用性。

(5) 带参函数的定义格式：

```
类型标识符    函数名(形式参数列表)
{
    语句;
    return    表达式; 或 return(表达式) ;
}
```

(6) 带参函数的定义、调用、声明的关系：

① 函数定义是实现某功能的程序段。

② 函数调用就是对函数的使用。

③ 函数声明是说明语句，只在被调函数在主调函数之后时才需要使用。

(7) 形参：在定义函数时，函数名后面括号中的变量名；实参：在调用函数时，函数名后面括号中的参数(表达式)。

(8) C 语言程序不能嵌套定义函数，但可以嵌套调用函数。也就是说，在调用一个函数的过程中可以调用另一个函数。

(9) 递归函数指的是在函数的过程中出现调用该函数本身的过程，即函数自己调用自己。

(10) 在一个函数内部定义的变量是局部变量，它只在本函数范围内有效；在函数之外定义的变量是全局变量，也称为外部变量。如果在同一个源文件中全局变量与局部变量同名，那么全局变量不起作用。

(11) atuo 型变量和 static 型变量的比较：

① static 型变量属于静态存储类型，在静态存储区分配存储单元，且在程序整个运行期间都不释放；而 auto 型变量属于动态存储类型。

② static 型变量是在编译期间赋值的，且只赋初值一次；auto 型变量是在调用时赋值的。

③ static 型变量如不赋值，则自动赋值为 0；auto 型变量如不赋值，则为不确定的数。

(12) 常用一个标识符来代表一个字符串，称为符号常量，也称为宏名。宏定义又可分为两种：一种是不带参数的宏定义；另一种是带参数的宏定义。

① 不带参数的宏定义——用宏名代表一个字符串，其一般格式如下：

#define   符号常量名/宏名   字符串

② 带参数的宏定义不只是进行简单的字符串替换，还要进行参数替换。其一般格式如下：

#define   宏名(参数) 字符串

4.2 练一练

单选题

1. 下面的程序用来求 x^y，为空白处选择正确的答案。

```
#include<stdio.h>
float power(float x,int y)
{
    float z;
    for (z=1;y>0;y   ①   1)
        z   ②   x;
        return z;
}
main( )
{
    printf("%f\n",power(3.0,4));
}
```

①处应填_____。

A. +=   B. -=   C. <<=   D. >>=

②处应填_____。

A. *=   B. +=   C. /=   D. %=

2. 有以下程序：

```
#include<stdio.h>
fun(int a, int b)
```

```
    {
        if(a>b) return(a);
        else return(b);
    }
    main( )
    {
        int x=3, y=8, z=6, r;
        r=fun(fun(x,y), 2*z);
        printf("%d\n", r);
    }
```
程序运行后的输出结果是_____。

　A. 3　　　　　　　　B. 6　　　　　　　C. 8　　　　　　　D. 12

　3. 以下程序的运行结果是_____。

```
    #include<stdio.h>
    int func(int n)
    {
        if(n= =1)
        return 1;
        else
        return(n*func(n-1)) ;
    }
    void main( )
    {
        int x;
        x=func(5);
        printf("%d\n",x);
    }
```

　A. 100　　　　　　　B. 5　　　　　　　C. 1　　　　　　　D. 120

　4. 以下程序的运行结果是_____。

```
    #include<stdio.h>
    func(int a,int b)
    {
        static int m=0,i=2;
        i+=m+1;
        m=i+a+b;
        return(m) ;
    }
    main( )
    {
```

```
    int k=4,m=1,p;
    p=func(k,m);printf("%d",p);
    p=func(k,m);printf("%d\n",p) ;
}
```

A. 817　　　　　　B. 816　　　　　C. 820　　　　　D. 88

5. 以下程序的输出结果是_____。

```
#include<stdio.h>
int m=13;
int fun2(int x,int y)
{
    int m=3;
    return(x*y-m) ;
}
main( )
{
    int a=7,b=5;
    printf("%d\n",fun2(a,b)/m);
}
```

A. 1　　　　　　　B. 2　　　　　　　C. 7　　　　　　　D. 10

6. 有以下程序：

```
#include <stdio.h>
int k = 1;
void Fun( );
void main( )
{
    int j;
    for(j = 0; j < 2; j++)
        Fun( );
    printf("k=%d", k);
}
void Fun( )
{
    int k = 1;              /* 第 13 行 */
    printf("k=%d,", k);
    k++;
}
```

(1) 程序的输出结果是_____。

A. k=1,k=2,k=3　　　　　　　　B. k=1,k=2,k=1

C. k=1,k=1,k=2　　　　　　　　D. k=1,k=1,k=1

(2) 将第 13 行改为"static int　k=1;"后，程序的输出结果是_____。

A. k=1,k=1,k=1　　　　　　　　B. k=1,k=1,k=2

C. k=1,k=2,k=1　　　　　　　　D. k=1,k=2,k=3

(3) 将第 13 行改为"k=1;"后，程序的输出结果是_____。

A. k=1,k=2,k=1　　　　　　　　B. k=1,k=1,k=1

C. k=1,k=1,k=2　　　　　　　　D. k=1,k=2,k=3

(4) 将第 13 行改为";"后，程序的输出结果是_____。

A. k=1,k=1,k=2　　　　　　　　B. k=1,k=2,k=3

C. k=1,k=1,k=1　　　　　　　　D. k=1,k=2,k=1

7. 以下程序的输出结果是_____。

```c
#include <stdio.h>
int   func(int a,int b)
{
    int c;
    c=a+b;
    return c;
}
main( )
{
    int x=6,y=7,z=8,r;
    r=func((x++,y++,x+y),z--);
    printf("%d\n",r);
}
```

A. 11　　　　　　B. 20　　　　　　C. 23　　　　　　D. 31

8. 以下程序的输出结果是_____。

```c
#include <stdio.h>
int f(int a, int b);
main( )
{
    int    i=2,p;
    p=f(i,i+1);
    printf("%d",p);
}
int f(int a, int b)
{
    int c;
    c=a;
    if(a>b) c=1;
    else if (a==b) c=0;
```

```
        else c=-1;
    return c;
}
```

A. −1　　　　　　B. 0　　　　　　C. 1　　　　　　D. 2

9. 以下程序的输出结果是_____。

```
#include <stdio.h>
fun(int a,int b,int c)
{c=a*b; }
main( )
{
    int c;
    fun(2,3,c);
    printf("%d\n",c);
}
```

A. 0　　　　　　B. 1　　　　　　C. 6　　　　　　D. 无定值

10. 以下程序的输出结果是_____。

```
#include <stdio.h>
double f(int n)
{
    int i;
    double   s;
    s=1.0;
    for(i=1;i<=n;i++)
    s+=1.0/i;
    return s;
}
main( )
{
    int i, m=3;
    float a=0.0;
    for(i=0;i<m;i++)
        a+=f(i);
    printf("%f\n",a);
}
```

A. 5.500000　　　B. 3.000000　　　C. 4.000000　　　D. 8.250000

项目 5　制作简易通讯录管理系统

5.1　知识要点

(1) 数组是有序数据的集合。数组中的每个元素都属于同一种数据类型。

(2) 一维数组定义的一般形式：

　　类型标识符　数组名[常量表达式];

(3) 引用一维数组元素的一般形式：

　　数组名[下标]

下标的取值范围：

　　0≤下标≤元素个数−1

(4) 字符数组是用来存放字符型数据的数组，即数组中的每个元素都是字符型数据。

(5) 常用的字符处理函数：

① 使用下列字符处理函数时程序中应包含"stdio.h"头文件：

单字符输入函数 getchar( )、单字符输出函数 putchar( )、字符串输入函数 gets( )、字符串输出函数 puts( )。

② 使用下列字符处理函数时程序中应包含"string.h"头文件：

字符串连接函数 strcat( )、字符串复制函数 strcpy( )、字符串比较函数 strcmp( )、测字符串长度函数 strlen( )等。

③ 使用下列字符处理函数时程序中应包含"ctype.h"头文件：

检测某字符是否是数字函数 isdigit( )、检查字符是否是小写字母函数 islower( )、检查字符是否是大写字母函数 isupper( )、将大写字母转换成小写字母函数 tolower( )、将小写字母转换成大写字母函数 toupper( )等。

(6) 结构体是将相关联的不同类型数据组合起来的构造类型之一。

(7) 结构体类型定义的一般形式：

　　struct　结构体名
　　{
　　　　成员列表
　　};

(8) 定义结构体变量的三种方法：① 先定义结构体类型，再定义结构体变量；② 在定义结构体类型的同时定义结构体变量；③ 直接定义结构体变量。

(9) 引用结构体变量成员的一般形式：

　　结构体变量名.成员名

(10) 二维数组定义的一般形式：

类型标识符　数组名[整型常量表达式 1] [整型常量表达式 2];

(11) 二维数组元素的表示形式:

数组名[行下标] [列下标];

其中，0≤行下标≤行数−1，0≤列下标≤列数−1。

(12) 冒泡排序的基本思想(升序排序): 通过相邻两个数之间的比较和交换，使排序码(数值)较小的数逐渐从底部移向顶部，排序码较大的数逐渐从顶部移向底部。排序过程就像水底的气泡一样逐渐向上冒，故而得名。

核心代码(对 n 个数进行升序排序):

```
for(i=1;i<n;i++)              //控制冒泡排序的趟数
    for(j=0;j<=n-i;j++)      //控制每趟的比较次数
        if(a[j]>a[j+1])
        {t=a[j];a[j]=a[j+1];a[j+1]=t;}
```

(13) 选择排序的基本思想(将数据由小到大进行简单选择排序):

① 从(K1, K2,···, Kn)中选择最小值，假如它是 Kz，则将 Kz 与 K1 对换;

② 从(K2, K3,···, Kn)中选择最小值 Kz，再将 Kz 与 K2 对换;

③ 如此进行选择和调换 n−2 趟;

④ 第 n−1 趟，从 Kn−1 和 Kn 中选择较小的值 Kz，将 Kz 与 Kn−1 对换，最后剩下的就是该序列中的最大值，一个由小到大的有序序列就形成了。

核心代码(对 n 个数进行升序排序):

```
for(i=0;i<n;i++)             //进行第 i 趟排序
{ k=i;
    for(j=i+1;j<n;j++)      //选最小的记录
        if(a[k]>a[j])  k=j;  //记下目前找到的最小值所在的位置
    //在内层循环结束，也就是找到本轮循环的最小的数以后，再进行交换
    if(k!=i){t=a[i];a[i]=a[k];a[k]=t;}
}
```

(14) 数组名作为函数参数的本质是把实参数组的起始地址传递给形参数组，实参和形参的地址是相同的，即当形参的值发生变化时，实参的值也发生了变化。

5.2　练一练

一、单选题

1. 执行下面的程序段后，变量 k 的值为_____。

```
int   k=3, s[2];
s[0]=k;   k=s[1]*10;
```

A. 不定值　　　　B. 33　　　　C. 30　　　　D. 10

2. 以下不能正确定义二维数组的选项是_____。

A. int　a[2][2]={{1},{2}};　　　　B. int　a[][2]={1,2,3,4};

C. int　a[2][2]={{1},2,3};　　　　D. int　a[2][]={{1,2},{3,4}};

3. 若有说明"int　a[10]；"，则对数组元素的正确引用是_____。

A. a [10]　　　　B. a[10 - 10]　　　C. a (5)　　　　D. a[3.5]

4. 若有说明"int　a[3][4];"，则对数组元素的非法引用是_____。

A. a[0][2*1]　　　B. a[0][4]　　　C. a[4-2][0]　　　D. a[1][3]

5. 对以下说明的正确理解是_____。

　　int　a[10] = {6, 7, 8, 9, 10}；

A. 将 5 个初值依次赋给 a[1]～a[5]　　　B. 将 5 个初值依次赋给 a[0]～a[4]

C. 将 5 个初值依次赋给 a[6]～a[10]　　　D. 因长度与初值个数不同，故语句错

6. 以下程序的输出结果是_____。

```
#include<stdio.h>
main( )
{
    int i,k,a[10],p[3];
    k=5;
    for(i=0;i<10;i++) a[i]=i;
    for(i=0;i<3;i++) p[i]=a[i*(i+1)];
    for(i=0;i<3;i++) k+=p[i]*2;
    printf("%d\n",k);
}
```

A. 20　　　　　　B. 21　　　　　　C. 22　　　　　　D. 23

7. 若二维数组 a 有 m 列，则在 a[i][j]前的元素个数为_____。

A. j*m+i　　　　B. i*m+j　　　　C. i*m+j-1　　　　D. i*m+j+1

8. 以下程序段的功能是输出两个字符串中对应相等的字符,则空白处应填_____。

```
char x[]="programming";
char y[]="Fortran";
int i=0;
while(x[i]!= '\0'&&y[i]!= '\0')
if(x[i]= =y[i])printf("%c",_____);
else i++;
```

A. x[i++]　　　　B. y[++i]　　　　C. x[i]　　　　D. y[i]

9. 在 C 语言中，引用数组元素时，其数组下标的数据类型允许是_____。

A. 整型常量　　　　　　　　　B. 整型表达式

C. 整型常量或整型常量表达式　　　D. 任何类型的表达式

10. 已知"int a[][3]={1,2,3,4,5,6,7};"，则数组 a 的第一维的大小是_____。

A. 2　　　　　　B. 3　　　　　　C. 4　　　　　　D. 无确定值

11. 以下程序的输出结果是_____。

```
#include <string.h>
#include <stdio.h>
void main( )
```

```
    {
        char str[10]={'s', 't', 'r', 'i', 'n', 'g'};
        printf("%d\n",strlen(str));
    }
```

A. 6　　　　　　　　B. 7　　　　　　　C. 不确定　　　　　D. 10

12. 设有定义语句"char s[]="123"", 则表达式"s[2]"的值是_____。

A. '1'　　　　　　　B. '3'　　　　　　C. '\0'　　　　　　D. 语法出错

13. 以下程序的输出结果是_____。

```
    # include <stdio.h>
    void main ( )
    {
        char ch[8]={"123abc4"};
        int i,s=0;
        for (i=0;ch[i]>= '0' && ch[i]< '9'; i+=2)
        s=10*s + ch [ i ]- '0';
        printf("%d\n",s);
    }
```

A. 123abc4　　　　　B. 1234　　　　　C. 13　　　　　　D. 1

14. 以下程序的功能是_____。

```
    #include <stdio.h>
    void main ( )
    {
        char a[10]= "12345997",b[10]= "12345896";
        int i=0;
        while ((a[i] ) && (b[i] ) && (a[i]==b[i] ) ) i++;
        printf ("%d\n",a[i]-b[i]);
    }
```

A. 求字符串的长度　　　　　　　　　　B. 比较两个字符串的大小

C. 将字符串 a 复制到字符串 b 中　　　　D. 将字符串 a 接续到字符串 b 中

15. 以下程序的输出结果是_____。

```
    #include <stdio.h>
    void main ( )
    {
        int y=10,i=0,j,a[5];
        do
            {
                a[i]=y%2; i++;
                y=y/2;
            }while (y>=1);
```

```
        for (j=i-1;j>=0;j--)
            printf ("%d",a[j]);
        printf ("\n");}
```

A. 1001　　　　　　　B. 1100　　　　　　　C. 1010　　　　　　　D. 0101

16. 已知学生记录描述如下：

```
    struct student
    {
        int no;
        char name[20];
        char sex;
        struct
        {
            int year;
            int month;
            int day;
        }birth;
    };
    struct student s;
```

设变量 s 中的"生日"是"1984 年 11 月 11 日"，下列对"生日"的赋值方式正确的是_____。

A. year=1984;month=11;day=11;

B. birth.year=1984; birth.month=11; birth.day=11;

C. s.year=1984;s.month=11;s.day=11;

D. s.birth.year=1984;s.birth.month=11;s.birth.day=11;

17. 当说明一个结构体变量时，系统分配给它的内存是_____。

A. 各成员所需内存量的总和　　　　　　　B. 结构中第一个成员所需内存量

C. 成员中内存量最大者所需的容量　　　　D. 结构中最后一个成员所需的容量

18. 以下对结构体变量的定义中不正确的是_____。

A. #define STUDENT struct student

STUDENT

{ int num;

  float age;}std1;

B. struct student

{ int num;

  float age;}std1;

C. struct

{ int num;

  float age;}std1;

D. struct

```
{ int num;
  float age;} student;
  struct student std1;
```

19. 设有以下说明语句：

```
struct stu
{ int a;
  float b}stutype;
```

则下面的叙述不正确的是_____。

A. struct 是结构体类型的关键字　　　　B. struct stu 是用户定义的结构体类型

C. stutype 是用户定义的结构体类型名　　D. a 和 b 都是结构体成员名

20. C 语言结构体类型变量在程序执行期间_____。

A. 所有成员一直驻留在内存中　　　　B. 只有一个成员驻留在内存中

C. 部分成员驻留在内存中　　　　　　D. 没有成员驻留在内存中

21. 以下程序的运行结果是_____。

```
#include<stdio.h>
main( )
{ struct date
    { int year,month,day;
    }today;
  printf("%d\n",sizeof(struct date));
}
```

A. 6　　　　　　B. 8　　　　　　C. 10　　　　　　D. 12

22. 根据下面的定义，能打印出字母 M 的语句是_____。

```
struct person
{
    char name[9];
    int age;
}
struct person class[10]={ "John",17,
                          "Paul",19,
                          "Mary",18,
                          "Adam",16};
```

A. printf("%c\n",class[3].name);　　　　B. printf("%c\n",class[3].name[1]);

C. printf("%c\n",class[2].name[1]);　　　D. printf("%c\n",class[2].name[0]);

二、程序阅读题

1. 以下程序的输出结果是_____。

```
#include <stdio.h>
void main ( )
```

```
    {
        int a[10]={2,4,0,-5,10,6,-8,9,6,7};
        int i,s=0,count=0;
        for (i=0;i<10;i++)
        { if (a[i]>0)
            { s+=a[i] ;
                count++;}
            else
                continue;}
        printf ("s=%d ,count=%d\n",s,count);
    }
```

2. 以下程序的输出结果是_____。

```
#include <stdio.h>
struct s
{
    int num;
    char name[20];
    char sex;
    int age;
}zg={1, "Zhang Lin",'M',19};
main( )
{
    struct s *p;
    p=&zg;
    printf("%d,%s,%c,%d\n",zg.num,zg.name,zg.sex,zg.age);
    printf("%d,%s,%c,%d\n",(*p).num,(*p).name,p->sex,p->age);
}
```

三、程序填空题

1. 程序功能：将字符串 s 中的所有字符 "c" 删除。

```
#include <stdio.h>
void main( )
{
    char s[80];
    int i,j;
    gets(s);
    for(i=j=0;_____;i++)
        if(s[i] != 'c')
        {
            s[j]=s[i];
```

```
            _____
        }
        s[j]='\0';
        puts(s);
    }
```

2. 程序功能：分别统计字符串中英文字母、数字和其他字符出现的次数。

```
    #include <stdio.h>
    #include <ctype.h>
    void main( )
    {
        char a[80]; int n[3]={0},i; gets(a);

        _____

        {if (tolower(a[i])>='a' && tolower(a[i])<='z') /*统计字母个数, tolower( )函数的功能是将字符转
                                换成小写字母*/
            n[0]++;
         else if (_____)   /*统计数字个数*/
            n[1]++;
         else
            n[2]++;
        }
        for(i=0;i<3;i++) printf("%d\n",n[i]);
    }
```

3. 程序功能：求出数组 a 中各相邻两个元素的和，并将这些和存放在数组 b 中，按每行 3 个元素的形式输出。例如：b[1]=a[1]+a[0],…,b[9]=a[9]+a[8]。

```
    #include <stdio.h>
    void main( )
    {
        int a[10],b[10],i;
        printf("\nInput 10 numbers:   ");
        for (i=0; i<10;i++)                    /*数组输入*/
            scanf("%d", &a[i]);
        for (i=1; i<10; i++)
            b[i]=_____                  /*计算数组 b 中的元素*/
        for (i=1; i<10; i++)
        {
            printf("%3d",b[i]);
            if (_____)   printf("\n");  /*每行打印 3 个数据*/
        }
    }
```

4. 阅读下列程序说明和程序，在每小题提供的可选答案中选择一个正确的答案。

【程序说明】

输入一个 3 行 2 列的矩阵，分别输出各行元素之和。

运行示例：

```
Enter an array:
6       3
1       -8
3       12
sum of row 0 is 9
sum of row 1 is -7
sum of row 2 is 15
```

【程序】

```c
#include <stdio.h>
void main( )
{
    int j, k, sum = 0;
    int a[3][2];
    printf("Enter an array:\n");
    for(j = 0; j < 3; j++)
    for(k = 0; k < 2; k++)
    scanf("%d", (1) );
    for(j = 0; j < 3; j++)
    {
        (2)
        for(k = 0; k < 2; k++)
            sum =  (3) ;
        printf("sum of row %d is %d\n",  (4) , sum);
    }
}
```

【供选择的答案】

(1) A. a[j][k]   B. a[k][j]   C. &a[j][k]   D. &a[k][j]

(2) A. ;   B. sum = -1;   C. sum = 1;   D. sum = 0;

(3) A. sum + a[j][k] B. sum + a[j][j] C. sum + a[k][k] D. 0

(4) A. k   B. j   C. 0   D. 1

项目6　用指针实现学生综合测评成绩管理

6.1　知识要点

(1) 内存单元的编号称为该存储单元的地址。"&"为取地址运算符。

(2) 一个变量在内存中存储时的地址称为指针。

(3) 存放某种变量地址的变量称为指针变量。

(4) 指针变量的定义格式：

　　　类型标识符　　*变量名[=地址表达式];

(5) 指针变量的初始化。

① 直接初始化：

　　　int　a, *s=&a;

② 定义后再赋值：

　　　int　a, *s;

　　　s=&a;

注意：只能用同类型变量的地址进行赋值。

(6) 指针变量的引用。

① "&"：取地址运算符。

② "*"：指针运算符(取指针所指向的变量的内容)。

(7) 指针与数组。

在数组中，数组名表示该数组的首地址，即第一个元素的地址，它是一个常量。指针可以指向数组的首地址，也可以指向数组中的任意一个元素。

```
int a[5];              //定义一个包含 5 个元素的整型数组
int *p;                //定义一个指向整型变量的指针变量
p=a;或者 p=&a[0]       //表示指针 p 指向数组的首地址
p=&a[i]               //表示指针 p 指向数组中的任意元素
```

假如有指针 p 指向数组 a 首地址的前提条件，那么指针是可以进行++等相关运算的，如：

① "p++;"表示 p 向后移动一个位置，指向 a[1]；

② "p--;"表示 p 向前移动一个位置，重新指向 a[0]；

③ "p=p+3;"表示 p 向后移动三个位置，指向 a[3]。

系统可以通过下标法直接访问数组中任意元素的地址或内容。根据指针 p 指向 a 数组首地址前提条件，访问 a[i]元素的地址和值的方式可归纳如下：

a[i]元素的地址表示形式：&a[i]、a+i、p+i；

a[i]元素的值表示形式：a[i]、*(a+i)、*(p+i)、p[i]。

(8) 指针数组是一组有序的指针的集合。指针数组的所有元素都必须是具有相同存储类型和指向相同数据类型的指针变量。指针数组主要适合指向若干个长短不一的字符串，使对字符串的处理更加方便、灵活。

(9) 一维指针数组定义的一般形式：

　　　类型标识符 *数组名[数组长度];

(10) 通过指针作为函数形式参数的方式可以实现实参两个数的交换。指针变量作为函数参数时，从实参向形参的数据传递仍然遵循"单向值传递"的原则，只不过此时传递的是地址。只有形参交换的是指针所指向的变量内容，才能实现实参两个数的交换。

6.2　练一练

一、单选题

1. 以下程序的运行结果是_____。

```
#include<stdio.h>
int sub(int x,int y,int *z)
{*z=y-x;}
main( )
{
    int a,b,c;
    sub(10,5,&a);
    sub(7,a,&b);
    sub(a,b,&c);
    printf("%4d,%4d,%4d",a,b,c);
}
```

A. 5, 2, 3　　　　　B. −5, −12, −7　　　　C. −5, −12, −17　　　D. 5, −2, −7

2. 执行以下程序后，a 的值是_____，b 的值是_____。

```
#include <stdio.h>
main( )
{
    int a,b,k=4,m=6,*p1=&k,*p2=&m;
    a=p1==&m;
    b=(-*p1)/ (*p2)+7;
    printf("a=%d\n",a);
    printf("b=%d\n",b);
}
```

A. −1　　5　　　　B. 1　　6　　　　C. 0　　7　　　　　　D. 4　　10

3. 已有定义"int k=2;int *ptr1,*prt2;"，且 ptr1,prt2 均已经指向变量 k，下面不能正确执行的赋值语句是_____。

A. k= *ptr1+ *ptr2　　　B. ptr2=k　　　C. ptr1= ptr2　　　D. k= *ptr1*(*ptr2)

4. 若有语句"int *point,a=4;"和"point=&a;",下面均代表地址的一组选项是_____。

A. a, point, *&a　　　　　　　　B. &*a, &a, *point

C. *&point, *point, &a　　　　　　D. &a, &*point, point

5. 若有语句"int a=25;print_value(&a);",则下面函数的输出结果是_____。

　　void print_value(int *x)

　　{ printf("%d\n",++*x);}

A. 23　　　　　　B. 24　　　　　　C. 25　　　　　　D. 26

6. 设有以下语句,则_____不是对数组 a 元素的正确引用,其中 0≤i<10。

　　int a[10]={0,1,2,3,4,5,6,7,8,9},*p=a;

A. a[p-a]　　　B. *(&a[i])　　　C. p[i]　　　　D. *(*(a+i))

7. 若有以下定义,则对数组 a 元素的正确引用是_____。

　　int a[5],*p=a;

A. *&a[5]　　　B. a+2　　　C.*(p+5)　　　D. *(a+2)

8. 若有以下定义,则对数组 a 元素地址的正确引用是_____。

　　int a[5],*p=a;

A. p+5　　　　B. *a+1　　　C. &a+1　　　D. &a[0]

9. 若有以下定义,则 p+5 表示_____。

　　int a[10],*p=a;

A. 元素 a[5]的地址　　　　　　B. 元素 a[5]的值

C. 元素 a[6]的地址　　　　　　D. 元素 a[6]的值

10. 下列选项中,能正确进行字符串赋值操作的是_____。

A. char s[5]={ "ABCDE"};

B. char s[5]={ 'A', 'B', 'C', 'D', 'E', '\0'};

C. char *s;s="ABCDE";

D. char *s;scanf("%s",s);

11. 下列选项中,说明不正确的是_____。

A. char a[10]={ "china"};　　　　B. char a[10],*p=a;p="china";

C. char *a;a="china";　　　　　D. char a[10],*p;p=a="china";

12. 下列选项中,正确的程序段是_____。

A. char str[20];scanf("%s",&str);

B. char *p; scanf("%s",p);

C. char str[20];scanf("%c",&str[2]);

D. char str[20],*p=str; scanf("%s",p[2]);

13. 以下程序段的运行结果是_____。

　　char *s="abcde";

　　s+=2;

　　printf("%s",s);

A. cde　　　　B. 字符'c'　　　C. 字符'c'的地址　　　D. 无法确定

14. 下面函数的功能是_____。

```
sss(s, t)
char *s, *t;
{
    while((*s)&&(*t)&&(*t++== *s++));
    return(*s-*t);
}
```

A. 求字符串的长度　　　　　　　B. 比较两个字符串的大小

C. 将字符串 s 复制到字符串 t 中　　D. 将字符串 s 接续到字符串 t 中

15. 以下程序的输出结果是_____。

```
#include<stdio.h>
main( )
{
    char    a[]="programming", b[]="language";
    char    *p1,*p2;
    int    i;
    p1=a;   p2=b;
    for(i=0;i<7;i++)
    if(*(p1+i)==*(p2+i))    printf("%c",*(p1+i));
}
```

A. gm　　　　　　B. rg　　　　　　C. or　　　　　　D. ga

16. 阅读下列程序：

```
#include <stdio.h>
void main ( )
{
    int a = -1, b = 1;
    void f1(int x, int y), f2(int *x, int *y);
    void f3(int *x, int *y), f4(int x, int y);
    f1(a, b);
    printf("(%d,%d)\n", a, b);
    a = -1, b = 1;
    f2(&a, &b);
    printf("(%d,%d)\n", a, b);
    a = -1, b = 1;
    f3(&a, &b);
    printf("(%d,%d)\n", a, b);
}
void f1(int x, int y)
{
```

```
        int t;
        t = x; x = y; y = t;
    }
    void f2(int *x, int *y)
    {
        int t;
        t = *x; *x = *y; *y = t;
    }
    void f3(int *x, int *y)
    {
        int *t;
        t = x; x = y; y = t;
    }
```

(1) 程序运行时，第 1 行输出_____。

A. (1, −1)　　　　B. (−1, 1)　　　　C. (−1, −1)　　　　D. (1,1)

(2) 程序运行时，第 2 行输出_____。

A. (1, −1)　　　　B. (−1, 1)　　　　C. (−1, −1)　　　　D. (1,1)

(3) 程序运行时，第 3 行输出_____。

A. (1, −1)　　　　B. (−1, 1)　　　　C. (−1, −1)　　　　D. (1,1)

17. 阅读下列程序：

```
#include <stdio.h>
void main( )
{
    char c, s[80]= "Happy New Year";
    int i;
    void f(char *s, char c);
    c = getchar( );
    f(s, c);
    puts(s);
}
void f(char *s, char c)
{
    int k = 0, j = 0;
    while(s[k] != '\0')
    {
        if(s[k] != c)
        {
            s[j] = s[k];
            j++;
```

```
    }
        k++;
    }
    s[j] = '\0';
}
```

(1) 程序运行时，若输入字母 a，则输出为_____。

A. Happy New Year   B. Hppy New Yer

C. Hay New Year   D. Happy Nw Yar

(2) 程序运行时，若输入字母 e，则输出为_____。

A. Happy New Year   B. Hppy New Yer

C. Hay New Year   D. Happy Nw Yar

(3) 程序运行时，若输入字母 p，则输出为_____。

A. Happy New Year   B. Hppy New Yer

C. Hay New Year   D. Happy Nw Yar

18. 阅读下列程序：

```
#include<stdio.h>
main( )
{
    int   i,x1,x2;
    int   a[5]={1,2,3,4,5};
    void   f1(int x,int y), f2 (int *x, int *y);
    x1=x2=0;
    for(i=1;i<5; i++){
    if (a[i]<a[x1])
        x2=i; }
    f2(&a[x1], &a[0]);
    for (i=0;i<5;i++)     printf ("%2d",a[i]);
    printf ("\n");
    f1(a[x2], a[1]);
    for (i=0; i<5;i++)     printf ("%2d",a[i]);
    printf ("\n");
    f2(&a[x2], &a[4]);
    for (i=0; i<5;i++)     printf ("%2d",a[i]);
    printf ("\n");
    f1(a[x1],a[3]);
    for (i=0; i<5;i++)     printf ("%2d",a[i]);
    printf ("\n");
}
    void f1(int x, int y)
```

```
{
    int t;
    t=x; x=y; y=t;
}
void f2(int *x, int *y)
{
    int t;
    t=*x; *x=*y; *y=t;
}
```

(1) 程序运行时，第 1 行输出为_____。

A. 1 2 3 4 5　　　　　　　B. 2 1 3 4 5

C. 1 2 3 5 4　　　　　　　D. 5 2 3 4 1

(2) 程序运行时，第 2 行输出为_____。

A. 2 1 3 4 5　　　　　　　B. 5 2 3 4 1

C. 2 5 3 4 1　　　　　　　D. 1 2 3 4 5

(3) 程序运行时，第 3 行输出为_____。

A. 1 2 3 5 4　　　　　　　B. 2 5 3 4 1

C. 1 2 3 4 5　　　　　　　D. 5 2 3 4 1

(4) 程序运行时，第 4 行输出为_____。

A. 5 2 3 1 4　　　　　　　B. 1 2 3 4 5

C. 1 2 3 5 4　　　　　　　D. 5 2 3 4 1

二、程序阅读题

1. 以下程序的输出结果是_____。

```
#include <stdio.h>
#include <string.h>
main( )
{
    char *s[2]={ "****","****"};
    while(*s[1]!= '\0')
    {
     printf("%s\n",s[0]+strlen(s[1])-1);
     s[1]++;
    }
}
```

2. 有以下程序：

```
#include<stdio.h>
main( )
{
```

```
    int k;
    char ch,a[10],*s[10]={ "one","two","three","four"};
    k=0;
    while((ch=getchar( ))!='\n'&&k<9)
        if(ch>='5'&&ch<='8') a[k++]=ch;
    a[k]= '\0';
    for(k=0;a[k]!= '\0';k++)
        printf("%s",s['9'-a[k]-1]);
}
```

(1) 若输入为"5678"，则输出为_____。

(2) 若输入为"8561#"，则输出为_____。

(3) 若输入为"7902#"，则输出为_____。

(4) 若输入为"7633#"，则输出为_____。

三、程序填空题

1. 程序功能：输入三个整数，按由小到大的顺序输出这三个数。

```
#include <stdio.h>
void swap(_____)
{ /*交换两个数的位置*/
    int temp;
    temp = *pa;
    *pa = *pb;
    *pb = temp;
}
void main( )
{
    int a,b,c,temp;
    scanf("%d%d%d",&a,&b,&c);
    if(a>b)
        swap(&a,&b);
    if(b>c)
        swap(&b,&c);
    if(_____)
        swap(&a,&b);
    printf("%d,%d,%d",a,b,c);
}
```

2. 程序功能：输入数组 x[7]，调用函数 f( )，去掉数组中的负数，输出结果为"1 3 4 6"。

```
#include <stdio.h>
void f(int *a,int *m)
```

```
    {
        int i,j;
        for(i=0;i<*m;i++)
        if(a[i]<0) {
            for(j=i--;j<*m-1;j++) a[j]=a[j+1];
            _____;
        }
    }
    void main( )
    {
        int i,n=7,x[7]={1,-2,3,4,-5,6,-7};
        _____;
        for(i=0;i<n;i++) printf("%5d",x[i]);
        printf("\n");
    }
```

3. 程序功能：调用 find( )函数在输入的字符串中查找是否出现 "the" 这个单词。如果查到，则返回出现的次数；如果未找到，则返回 0。

```
    #include <stdio.h>
    int find(char *str)
    {
        char *fstr="the";
        int i=0,j,n=0;
        while (str[i]!= '\0')
        {
            for(_____)
            if (str[j+i]!=fstr[j]) break;
            if (_____) n++;
            i++;
        }
        return n;
    }
    void main( )
    {
        char a[80];
        gets(a);
        printf("%d",find(a));
    }
```

实　战　篇

上 机 考 试 题

一、程序修改题

注意事项:

(1) 在改错时,不得删除改错标志(如:"/********(1)********/"等),考生在改错标志下方的下一行,根据程序功能改错;调试运行程序。

(2) 不加行、减行、加句、减句。

1. 将十进制的整数,以十六进制的形式输出。

```c
#include <stdio.h>
/**********(1)*********/
int DtoH(int n)
{
    int k=n & 0xf;
    if(n>>4!=0) DtoH(n>>4);
/**********(2)*********/
    if(k<=10)
        putchar(k+'0');
    else
/**********(3)*********/
        putchar(k-10+a);
}
void main( )
{
    int a[4]={28,31,255,378},i;
    for(i=0;i<4;i++) {
        printf("%d-->",a[i]);
/********(4)********/
        printf("%s",DtoH(a[i]));
        putchar('\n');
    }
}
```

视频:程序修改题第 1 题

2. 程序运行时,输入 10 个数,分别输出其中的最大值和最小值。

```c
#include <stdio.h>
void main( )
```

```
{
    float x,max,min;    int i;
    /********(1)*******/
    for(i=0;i<=10;i++) {
        /******(2)*******/
        scanf("%f",x);
        /*******(3)********/
        if(i=1)
            { max=x;min=x;}
        else {
            if(x>max) max=x;
            if(x<min) min=x;
        }
    }
    /*******(4)********/
    printf("%f,%f\n",Max,Min);
}
```

视频：程序修改题第 2 题

3. 程序运行时，输入整型变量 n，输出 n 的各位数字之和。

例如：输入 n=1308，则输出 12；若输入 n=–3204，则输出 9。

```
#include <stdio.h>
void main( )
{   /******(1)******/
    int n,s;
    scanf("%d",&n);
    /******(2)******/
    n<0?-n:n;
    /******(3)******/
    while(n>=0){
    /*****(4)*****/
    s=s+n/10;
    n=n/10;
    }
    printf("%d\n",s);
}
```

视频：程序修改题第 3 题

4. 输入一个字符串，将其中所有的非英文字母的字符删除后输出。

```
#include <stdio.h>
#include <string.h>
void main( )
{
```

```
    char str[81]; int i,flag;
    /*******(1)******/
    get(str);
    for(i=0;str[i]!='\0';) {
        flag=tolower(str[i])>='a' && tolower(str[i])<='z';
        /*********(2)*********/
        flag=not flag;
        if(flag) {
            /*******(3)********/
            strcpy(str+i+1,str+i);
            /*******(4)********/
            break;
        }
        i++;
    }
    printf("%s\n",str);
}
```

视频：程序修改题第 4 题

5. 循环输入 x,n，调用递归函数计算，显示 x 的 n 次方。当输入 n 小于 0 时，结束循环。

```
#include <stdio.h>
float f(float x,int n)
{ /*******(1)******/
    if(n==1)
        return 1;
    else
        /******(2)******/
        return f(x,n-1);
}
void main( )
{
    float y,z; int m;
    while(1) {
        scanf("%f%d",&y,&m);
        /******(3)*******/
        if(m>=0) break;
        /*******(4)********/
        z=f(m,y);
        printf("%f\n",z);
    }
}
```

视频：程序修改题第 5 题

6. 输入 x 和正数 eps，计算 $1-x+\dfrac{x^2}{2!}-\dfrac{x^3}{3!}+\dfrac{x^4}{4!}-\dfrac{x^5}{5!}+\cdots$，直到末项的绝对值小于 eps 为止。

```c
#include <stdio.h>
#include <math.h>
void main( )
{
    double x,eps,s=1,t=1;
    /*******(1)********/
    float i=1;
    /*******(2)**********/
    scanf("%f%f",&x,&eps);
    do {
        i++;
        /*****(3)*****/
        t=t*x/i;
        s+=t;
        /*****(4)*****/
    } while(fabs(t)<eps);
    printf("%f\n",s);
}
```

视频：程序修改题第 6 题

7. 输入 n(小于 10 的正整数)，输出如下形式的数组。

例如：若输入 n=5，则数组为

```
1 0 0 0 0
2 1 0 0 0
3 2 1 0 0
4 3 2 1 0
5 4 3 2 1
```

若输入 n=6，则数组为

```
1 0 0 0 0 0
2 1 0 0 0 0
3 2 1 0 0 0
4 3 2 1 0 0
5 4 3 2 1 0
6 5 4 3 2 1
```

视频：程序修改题第 7 题

```c
#include <stdio.h>
void main( )
{
    int a[9][9]={{0}},i,j,n;
```

```
/***********(1)**************/
while(scanf("%d",n),n<1||n>9);
for(i=0;i<n;i++) {
/******(2)********/
for(j=0;j<i;j++)
    /*******(3)*********/
    a[i][j]=i-j;
}
for(i=0;i<n;i++) {
    for(j=0;j<n;j++)
        /********(4)*********/
        printf("%3d",&a[i][j]);
    putchar('\n');
}
}
```

8. 逐个显示字符串中各字符的机内码。

提示：英文字符字母的机内码首位为 0，汉字的每个字节首位为 1，程序正确运行后，显示如图 3 所示。

a[0]的机内码为：01100001
a[1]的机内码为：00110010
a[2]的机内码为：10111010
a[3]的机内码为：10111010
a[4]的机内码为：11010111
a[5]的机内码为：11010110

图 3　程序运行结果

```
#include <stdio.h>
void main( )
{ /*********(1)*******/
    char a[7]='a2 汉字';
    int i,j,k;
    /********(2)*******/
    for(i=0;i<strlen(a);i++) {
        printf("a[%d]的机内码为：",i);
        for(j=1;j<=8;j++) {
            k=a[i]&0x80;
            if(k!=0) putchar('1');
            /******(3)*****/
            else putchar(0);
```

视频：程序修改题第 8 题

```
        /******(4)*****/
            a[i]=a[i]>>1;
        }
        printf("\n");
    }
}
```

9. 程序运行时，若输入 a、n 分别为 3、6，则输出表达式 3+33+333+3333+33 333+333 333 的值。

```
#include <stdio.h>
void main( )
{
    int a,n,i; long s=0,t;
    /*******(1)********/
    scanf("%d%d",a,n);
    /*******(2)**********/
    t=1;
    /*******(3)**********/
    for(i=0;i<=n;i++) {
        t=t*10+a;
        /*******(4)********/
        t=t+s;
    }
    printf("%ld\n",s);
}
```

视频：程序修改题第 9 题

10. 程序运行时，输入 n，输出 n 的所有质数因子。例如：若输入 n 为 60，则输出 60=2*2*3*5。

```
#include <stdio.h>
void main( )
{
    int n,i;
    /******(1)******/
    scanf("%f",&n);
    printf("%d=",n);
    /******(2)******/
    n=2;
    /******(3)******/
    while(n>=0)
        if(n%i==0) {
            printf("%d*",i);
```

视频：程序修改题第 10 题

```
            /******(4)******/
                n=n*i;
            }
        else i++;
    printf("\b \n");
}
```

11. 输入两个字符串 s1 和 s2 后，将它们首尾相连。

```
#include <stdio.h>
void main( )
{
    char s1[80],s2[40]; int j;
    /*****(1)*****/
    int i;
    printf("Input the first string:");
    gets(s1);
    printf("Input the second string:");
    gets(s2);
    /*********(2)********/
    while(s1[i]!=0)
        i++;
    for(j=0;s2[j]!='\0';j++)
        /******(3)******/
        s1[i]=s2[j];
    /*******(4)*******/
    s1[i+j]="\0";
    puts(s1);
}
```

视频：程序修改题第 11 题

12. 用"选择法"对 10 个整数按升序排序。

```
#include <stdio.h>
#define N 10
void main( )
{
    int i,j,min,temp;
    int a[N]={5,4,3,2,1,9,8,7,6,0};
    printf("排序前:");
    /********(1)*********/
    for(i=0;i<n;i++)
        printf("%4d",a[i]);
    putchar('\n');
```

视频：程序修改题第 12 题

```
    for(i=0;i<N-1;i++) {
        /*****(2)******/
        min=0;
        for(j=i+1;j<N;j++)
            /******(3)******/
            if(a[j]>a[min]) min=j;
        temp=a[min];a[min]=a[i];a[i]=temp;
    }
    printf("排序后:");
    for(i=0;i<N;i++)printf("%4d",a[i]);
    /******(4)********/
    putchar("\n");
}
```

13. 输入 n，再输入 n 个点的平面坐标，则输出那些距离坐标原点不超过 5 的点的坐标值。

```
#include <stdio.h>
#include <math.h>
#include <stdlib.h>
void main( )
{
    int i,n;
    struct axy { float x,y;};
    /*****(1)*****/
    struct axy a;
    /*****(2)*****/
    scanf("%d",n);
    a=(struct axy*) malloc(n*sizeof(struct axy));
    for(i=0;i<n;i++)
        scanf("%f%f",&a[i].x,&a[i].y);
    /*****(3)******/
    for(i=1;i<=n;i++)
        if(sqrt(pow(a[i].x,2)+pow(a[i].y,2))<=5) {
            printf("%f,",a[i].x);
            /**************(4)*************/
            printf("%f\n",a+i->y);
        }
}
```

视频：程序修改题第 13 题

14. (1) 输入一个整数 mm 作为密码，将字符串中每个字符与 mm 作一次按位异或操作，进行加密，输出被加密后的字符串(密文)。

(2) 将密文中的每个字符与 mm 作一次按位异或操作，输出解密后的字符串(明文)。

```c
#include <stdio.h>
void main( )
{
    char a[]="a2 汉字";
    int mm,i;
    /********(1)*******/
    printf("请输入密码:");
    /********(2)*******/
    scanf("%d",mm);
    for(i=0;a[i]!='\0';i++) /*各字符与 mm 作一次按位异或*/
        a[i]=a[i]^mm;
    puts(a);
    /*** 各字符与 mm 再作一次按位异或 ***/
    /********(3)*******/
    for( ;a[i]!='\0';i++)
        /******(4)******/
        a[i]=a[i]^mm^mm;
    puts(a);
}
```

视频：程序修改题第 14 题

15. 显示两个数组中数值相同的元素。

```c
#include <stdio.h>
void main( )
{
    /********(1)*******/
    int i;
    int a[6]={1,3,5,7,9,11};
    int b[7]={2,5,7,9,12,16,3};
    /*******(2)*******/
    for(i=0;i<=6;i++) {
        for(j=0;j<7;j++)
            /********(3)*******/
            if(a[i]=b[j]) break;
        /*******(4)********/
        if(j>=7)
            printf("%d   ",a[i]);
    }
    printf("\n");
}
```

视频：程序修改题第 15 题

二、程序填空题

注意事项:

(1) 在填空时,先删除填空标志(如:"__(1)__"等),再根据程序功能填空。

(2) 不加行、减行、加句、减句。

1. 数组 x 中原有数据为 1、–2、3、4、–5、6、–7,调用函数 f( )后数组 x 中的数据为 1、3、4、6、0、0、0,输出结果为 1 3 4 6。

```
#include <stdio.h>
void f(int *a,   (1)   )
{
    int i,j;
    for(i=0;   (2)   ;)
        if(a[i]<0) {
            for(j=i;j<*m-1;j++);   (3)   ;
            a[*m-1]=0; (*m)--;
        }
        else i++;
}
void main( )
{
    int i,n=7,x[7]={1,-2,3,4,-5,6,-7};
      (4)   ;
    for(i=0;i<n;i++) printf("%5d",x[i]);
    printf("\n");
}
```

视频:程序填空题第 1 题

2. 循环输入若干个整数(以输入 Ctrl+z 结束循环),输出每个数的位数。程序运行结果如图 4 所示。

```
234
234 是 3 位整数
-1573
-1573 是 4 位整数
2
2 是 1 位整数
^Z
Press any key to continue
```

视频:程序填空题第 2 题

图 4   程序运行结果

```
#include <stdio.h>
#include <   (1)   >
void main( )
{
```

```
        char s[81];int i;
        gets(s);
        for(    (2)    ;i<strlen(s);)
            if(s[i]=='c')
            strcpy(    (3)    );
        (4)
            i++;
        puts(s);
    }
```

3. 将输入字符串 s 中所有的小写字符'c'删除。

```
    #include <stdio.h>
    void main( )
    {
        int n,m,k;
        while(scanf("%d",&n)!=    (1)    ) {
            m=n;    (2)    ;
            while(m!=0){
                k++;    (3)    ;
            }
            printf("%d 是%d 位整数\n",    (4)    );
        }
    }
```

视频：程序填空题第 3 题

4. 循环输入正整数 n(直到输入负数或者 0 结束)，计算并显示满足下列条件的 m 值。

$$2^m \leq n \leq 2^{m+1}$$

```
    #include <stdio.h>
    #define F (t<=n && t*2>=n)
    void main( )
    {
        int m,t,n;
        while(scanf("%d",&n),    (1)    ){
            m=0;    (2)    ;
            while(    (3)    ){
                (4)    ; m++;
            }
            printf("%d    %d\n",n,m);
        }
    }
```

视频：程序填空题第 4 题

5. 输入 4 个整数，通过函数 Dec2Bin( )的处理，返回字符串，显示每个整数的机内码(二进制，补码)。

```
#include <stdio.h>
void Dec2Bin(long m,char *s)
{
    int i,k;
    for(i=0;i<32;i++) {
        k=m & 0x80000000;
        if(k!=0) s[i]='1'; else   (1)  ;
          (2)  ;   /* m 左移 1 位*/
    }
}
void main( )
{
    char a[33]=""; long n; int i;
    for(i=1;i<=4;i++) {
        scanf("%ld",&n);
          (3)  ;
          (4)  ;
    }
}
```

视频：程序填空题第 5 题

6. 对 x=0.0，0.5，1.0，1.5，2.0，···，10.0，求 $f(x)=x^2-5.5x+\sin(x)$ 的最大值。

```
#include <stdio.h>
#include <math.h>
#define   (1)   x*x-5.5*x+sin(x)
void main( )
{
    float x,max;
    max=   (2)  ;
    for(x=0.5;x<=10;   (3)   )
        if(f(x)>max)   (4)  ;
    printf("%f\n",max);
}
```

视频：程序填空题第 6 题

7. 调用函数 f( )，计算 x=1.7 时多项式的值。

```
#include <stdio.h>
float f(float*,float,int);
void main( )
{
    float b[5]={1.1,2.2,3.3,4.4,5.5};
    printf("%f\n",f(   (1)   ));
}
```

视频：程序填空题第 7 题

```
float f(   (2)   )
{
    float y=   (3)   ,t=1; int i;
    for(i=1;i<n;i++) { t=t*x ; y=y+a[i]*t; }
       (4)   ;
}
```

8. 调用函数 f( )，将 1 个整数首尾倒置。

```
#include <stdio.h>
#include <   (1)   >
long f(long n)
{
    long m=fabs(n),y=0;
    while(   (2)   ) {
        y=y*10+m%10;   (3)   ;
    }
    return n<0? -y:   (4)   ;
}
void main( )
{
    printf("%ld\t",f(12345));
    printf("%ld\n",f(-34567));
}
```

视频：程序填空题第 8 题

9. 数列的第 1、2 项均为 1，此后各项的值均为该项前两项的和。要求：计算数列的第 24 项的值。

```
#include <stdio.h>
long f(int);
void main( )
{
    printf("%ld\n",   (1)   );
}
   (2)
{   if( n==1 || n==2)
       (3)   ;
    else
        return   (4)   ;
}
```

视频：程序填空题第 9 题

10. 输入 10 个数到数组 a 中，计算并显示所有元素的平均值，以及其中与平均值相差最小的数组元素。

```
#include <stdio.h>
```

```
#include <math.h>
void main( )
{
    double a[10],v=0,x,d; int i;
    printf("Input 10 numbers:   ");
    for(i=0;i<10;i++) {
        scanf("__(1)__", &a[i]);
        v=v+__(2)__;
    }
    d=__(3)__; x=a[0];
    for(i=1;i<10;i++)
        if(fabs(a[i]-v)<d) d=fabs(a[i]-v),__(4)__;
    printf("%.4f    %.4f\n",v,x);
}
```

视频：程序填空题第 10 题

11. 输入三个整数，按照由小到大的顺序输出这三个整数。

```
#include <stdio.h>
void swap(__(1)__)        /*交换两个数的位置*/
{
    int temp;
    temp=*pa;*pa=*pb;*pb=temp;
}
void main( )
{
    int a,b,c,temp;
    scanf("%d%d%d",&a,&b,&c);
    if(__(2)__) swap(&a,&b);
    if(b>c) swap(__(3)__);
    if(__(4)__) swap(&a,&b);
    printf("%d,%d,%d\n",a,b,c);
}
```

视频：程序填空题第 11 题

12. 输入 m、n(要求输入的数均大于 0)，输出它们的最大公约数。

```
#include <stdio.h>
void main( )
{
    __(1)__;
    while(1) {
        scanf("%d%d",&m,&n);
        if(m>0 && n>0)__(2)__;
    }
```

视频：程序填空题第 12 题

```
        (3)  ;
    while( m%k!=0   (4)   n%k!=0) k--;
    printf("%d\n",k);
}
```

13. 显示数据。要求：① 在数组 a 中存在，且在数组 b 中不存在的数；② 在数组 b 中存在，且在数组 a 中不存在的数。

```
#include <stdio.h>
void main( )
{
    int a[6]={2,5,7,8,4,12},b[7]={3,4,5,6,7,8,9},i,j,k;
    for(i=0;   (1)   ;i++) {
        for(j=0;j<7;j++) if(   (2)   ) break;
        if(j==7) printf("%d   ",   (3)   );
    }
    putchar('\n');
    for(i=0;i<7;i++) {
        for(j=0;j<6;j++) if(b[i]==a[j])break;
        if(   (4)   ) printf("%d   ",b[i]);
    putchar('\n');
    }
}
```

视频：程序填空题第 13 题

14. 输入一个不超过 80 个字符的字符串，将其中的大写字符转换为小写字符，小写字符转换为大写字符，空格符转换为下划线，并输出转换后的字符串。

```
#include <stdio.h>
#include <   (1)   >
void main( )
{
    char s[81]; int i;
       (2)   ;
    for(i=0;   (3)   ;i++) {
        if(isupper(s[i]))
            s[i]=s[i]+32;
        else
            if(islower(s[i]))
                s[i]=s[i]-32;
        if(   (4)   ) s[i]='_';
    }
    puts(s);
}
```

视频：程序填空题第 14 题

15. 调用函数 f( )，从字符串中删除所有的数字字符。

```
#include <stdio.h>
#include <string.h>
#include <   (1)   >
void f(char *s)
{
       (2)   ;
    while(s[i]!='\0')
        if(isdigit(s[i]))   (3)   (s+i,s+i+1);
           (4)   i++;
}
void main( )
{
    char str[80];
    gets(str); f(str); puts(str);
}
```

视频：程序填空题第 15 题

三、程序设计题

注意事项：

(1) 在设计时，不得删除设计部分标志；

(2) 不得对设计部分标志以外的程序内容进行加行、减行、加句、减句。

1. 计算 $1 - \dfrac{1}{3!} + \dfrac{1}{5!} - \dfrac{1}{7!} + \cdots$，直到末项的绝对值小于 10^{-10} 为止。

```
#include <stdio.h>
#include <math.h>
void main( )
{
    FILE *fp; double y,t=1;int i=1;
    /****考生在以下空白处写入执行语句******/
```

视频：程序设计题第 1 题

```
    /****考生在以上空白处写入执行语句******/
    printf("%f\n",y);
    fp=fopen("CD1.dat","wb");
    fwrite(&y,8,1,fp);
```

```
        fclose(fp);
    }
```

2. 数组元素 x[i]、y[i]表示平面上某点坐标，计算并显示 10 个点中所有两点间的最短距离。

```
    #include <stdio.h>
    #include <math.h>
    #define len(x1,y1,x2,y2) sqrt((x2-x1)*(x2-x1)+(y2-y1)*(y2-y1))
    void main( )
    {
        FILE *fp; int i,j; double min,d;
        double x[10]={1.1,3.2,-2.5,5.67,3.42,-4.5,2.54,5.6,0.97,4.65};
        double y[10]={-6,4.3,4.5,3.67,2.42,2.54,5.6,-0.97,4.65,-3.33};
        min=len(x[0],y[0],x[1],y[1]);
        /****考生在以下空白处写入执行语句******/
```

视频：程序设计题第 2 题

```
        /****考生在以上空白处写入执行语句******/
        printf("%f\n",min);
        fp=fopen("CD2.dat","wb");
        fwrite(&min,8,1,fp);
        fclose(fp);
    }
```

3. 计算 $\sqrt{2}+\sqrt{3}+\cdots+\sqrt{10}$ 。要求将计算结果存入变量 y 中，且具有小数点后 10 位有效数字。

```
    #include <stdio.h>
    #include <math.h>
    void main( )
    {
        FILE *fp; int i;
        /****考生在以下空白处写入执行语句******/
```

视频：程序设计题第 3 题

```
/****考生在以上空白处写入执行语句 ******/
    printf("%.10f\n",y);
    fp=fopen("CD1.dat","wb");
    fwrite(&y,8,1,fp);
    fclose(fp);
}
```

4. (1) 编写函数 f( )，用于判断与形参相应的实参是否为回文数，若是，则返回 1，否则返回 0。

(2) 显示 11～999 的所有回文数(各位数字左右对称)，并显示总个数。

提示：先判断 n 是 2 位数还是 3 位数，再判断 n 是否为回文数。

```
#include <stdio.h>
/*****考生在以下空白处编写函数 f( )******/
```

视频：程序设计题第 4 题

```
/*****考生在以上空白处编写函数 f( )******/
#include <math.h>
void main( )
{
    FILE *fp; int i; long k=0;
    for(i=11;i<1000;i++)
        if(f(i)) { printf("%5d",i);k++; if(k%10==0) putchar('\n');}
    putchar('\n');
    printf("%d\n",k);
    fp=fopen("CD2.dat","wb");
    fwrite(&k,4,1,fp);
    fclose(fp);
}
```

5. 求斐波那契(Fibonacci)数列中前 40 项之和。说明：斐波那契数列的前两项为 1，此后各项为其前两项之和。

```
#include <stdio.h>
void main( )
{
    FILE *fp; long i,a[40]={1,1},s=2;
    /****考生在以下空白处写入执行语句 ******/
```

视频：程序设计题第 5 题

```
            /****考生在以上空白处写入执行语句 ******/
            printf("%d\n",s);
            fp=fopen("CD1.dat","wb");
            fwrite(&s,4,1,fp);
            fclose(fp);
        }
```

6. 在数组 x 的 10 个数中求平均值 v，找出与 v 相差最小的数组元素存入变量 y，并显示 v、y。

```
        #include <stdio.h>
        #include <math.h>
        void main( )
        {
            FILE *fp; int i; double d,v,y;
            double x[10]={1.2,-1.4,-4.0,1.1,2.1,-1.1,3.0,-5.3,6.5,-0.9};
            /*****考生在以下空白处写入执行语句 ******/
```

视频：程序设计题第 6 题

```
            /****考生在以上空白处写入执行语句 ******/
            printf("%f    %f\n",v,y);
            fp=fopen("CD2.dat","wb");
            fwrite(&y,8,1,fp);
            fclose(fp);
        }
```

7. 计算并显示满足条件 $1.05^n<10^6<1.05^{n+1}$ 的 n 值以及 1.05^n。

```
        #include <stdio.h>
        #include <math.h>
        void main( )
        {
            FILE *fp; double a=1.05; long n=1;
```

/****考生在以下空白处写入执行语句******/

视频：程序设计题第 7 题

/****考生在以上空白处写入执行语句******/

```
printf("%d    %.4f\n",n,a);
fp=fopen("CD1.dat","wb");
fwrite(&a,8,1,fp);
fclose(fp);
}
```

8. 函数 f( )将二维数组每 1 行元素均除以该行上绝对值最大的元素。函数 main( )调用 f( )处理数组 a 后按行显示，测试函数 f( )正确与否。

```
#include <stdio.h>
#include <math.h>
double f(double **x,int m,int n)
{
    double max; int i,j;
    for(i=0;i<m;i++) {
    max=x[i][0];
    for(j=1;j<n;j++)
        if(fabs(x[i][j])>fabs(max)) max=x[i][j];
    for(j=0;j<n;j++) x[i][j]/=max;
    }
}
void main( )
{
    FILE *fp;
    double a[3][3]={{1.3,2.7,3.6},{2,3,4.7},{3,4,1.27}};
    double *c[3]={a[0],a[1],a[2]}; int i,j;
    /****考生在以下空白处写入执行语句******/
```

视频：程序设计题第 8 题

```
        /****考生在以上空白处写入执行语句******/
        fp=fopen("CD2.dat","wb");
        fwrite(*a+8,8,1,fp);
        fclose(fp);
    }
```

9. 计算并显示表达式 1+2!+3!+…+12！的值。

```
    #include <stdio.h>
    void main( )
    {
        FILE *fp; long i,y=1,jc=1;
        /****考生在以下空白处写入执行语句******/
```

视频：程序设计题第 9 题

```
        /****考生在以上空白处写入执行语句******/
        printf("%ld\n",y);
        fp=fopen("CD1.dat","wb");
        fwrite(&y,4,1,fp);
        fclose(fp);
    }
```

10. 若 x、y 取值为区间[1,6]的整数，则显示使函数 f(x,y)取最小值的 x1、y1。已知函数 f( )的原型为 double　f(int,int)，表达式为

$$f(x,y) = \frac{3.14\,x - y}{x + y}$$

```
    #include <stdio.h>
    /****考生在以下空白处声明函数 f( )******/
```

视频：程序设计题第 10 题

```
    /****考生在以上空白处声明函数 f( )******/
    void main( )
    {
        FILE *fp; double min; int i,j,x1,y1;
```

/****考生在以下空白处写入执行语句******/

/****考生在以上空白处写入执行语句******/

printf("%f   %d   %d\n",min,x1,y1);

fp=fopen("CD2.dat","wb");

fwrite(&min,8,1,fp);

fclose(fp);

}

11. 将字符串 s 中的所有字符按 ASCII 值从小到大重新排序，然后显示该字符串。

```
#include <stdio.h>

#include <string.h>

void main( )

{

    FILE *fp; int i,j,k,n;

    char s[]="Windows Office",c;

    n=strlen(s);

    /****考生在以下空白处写入执行语句******/
```

视频: 程序设计题第 11 题

```
    /****考生在以上空白处写入执行语句******/

    puts(s);

    fp=fopen("CD2.dat","wb");

    fwrite(s,1,n,fp);

    fclose(fp);

}
```

12. 求数列 2/1，3/2，5/3，8/5，13/8，21/13，…前 40 项的和。

```
#include <stdio.h>

void main( )

{

    FILE *fp; double y=2,f1=1,f2=2,f; int i;
```

/****考生在以下空白处写入执行语句 ******/

视频：程序设计题第 12 题

/****考生在以上空白处写入执行语句 ******/

```
printf("%f\n",y);
fp=fopen("CD1.dat","wb");
fwrite(&y,8,1,fp);
fclose(fp);
}
```

13. 编制函数 f( )，用于计算表达式 $a_0 + a_1 sin(x) + a_2 sin(x_2) + a_3 sin(x_3) + \cdots + a_{n-1} sin(x_{n-1})$ 的值。函数 main( )提供了一个测试用例，函数原型为 double　f(double *,double ,int)。

```
#include <stdio.h>
#include <math.h>
```

/*****考生在以下空白处编写函数 f( )******/

视频：程序设计题第 13 题

/****考生在以上空白处编写函数 f( )******/

```
void main( )
{
    FILE *fp; int i; double y;
    double a[10]={1.2,-1.4,-4.0,1.1,2.1,-1.1,3.0,-5.3,6.5,-0.9};
    y=f(a,2.345,10);
    printf("%f\n",y);
    fp=fopen("CD2.dat","wb");
    fwrite(&y,8,1,fp);
    fclose(fp);
}
```

14. (1) 计算字符串 s 中每个字符的权重值并将其依次写入数组 a 中。

(2) 权重值是字符的位置值与该字符 ASCII 码值的乘积。首字符的位置值为 1，最后一个字符的位置值为 strlen(s)。

```
#include <stdio.h>
```

```
#include <stdlib.h>
#include <string.h>
void main( )
{
    FILE *fp; long i,n,*a;
    char s[]="ABCabc$%^,.+-*/";
    n=strlen(s);
    a=(long*)malloc(n*sizeof(long));
    /****考生在以下空白处写入执行语句******/
```

视频：程序设计题第 14 题

```
    /****考生在以上空白处写入执行语句******/
    fp=fopen("CD2.dat","wb");
    fwrite(a,4,n,fp);
    fclose(fp);
}
```

15. 累加 a 字符串中所有非大写英文字母字符的 ASCII 码，将累加和存入变量 x 中并显示。

```
#include <stdio.h>
void main( )
{
    FILE *fp; long x;    int i;
    char a[]="Windows Office 2010";
    /****考生在以下空白处写入执行语句******/
```

视频：程序设计题第 15 题

```
    /****考生在以上空白处写入执行语句******/
    printf("%d\n",x);
    fp=fopen("CD2.dat","wb");
    fwrite(&x,4,1,fp);
    fclose(fp);
}
```

16. (1) 显示 6～5000 内所有的亲密数，并显示其数量。

(2) 若 a、b 为一对亲密数，则 b、a 也是一对亲密数。一对亲密数须满足的条件是：a 的因子和等于 b，b 的因子和等于 a，且 a 不等于 b。

(3) 关于因子和：6 的因子和等于 6，即 1+2+3；8 的因子和等于 7，即 1+2+4；7 的因子和就是 7，……

```c
#include <stdio.h>
long f(long x)
{
    int i,j,y=1;
    for(i=2;i<=x/2;i++)
        if(x%i==0) y=y+i;
    return y;
}
void main( )
{
    FILE *fp; long a,b,c,k=0;
    /****考生在以下空白处写入执行语句******/



    /****考生在以上空白处写入执行语句******/
    printf("%d\n",k);
    fp=fopen("CD1.dat","wb");
    fwrite(&k,4,1,fp);
    fclose(fp);
}
```

视频：程序设计题第 16 题

17. x[i]、y[i]分别表示平面上一个点的坐标，累加 10 个点到点(1，1)的距离总和，将其存入 double 类型变量 s 中。

```c
#include <stdio.h>
#include <math.h>
void main( )
{
    FILE *fp; int i;
    double x[10]={1.1,3.2,-2.5,5.67,3.42,-4.5,2.54,5.6,0.97,4.65};
    double y[10]={-6,4.3,4.5,3.67,2.42,2.54,5.6,-0.97,4.65,-3.33};
```

视频：程序设计题第 17 题

/****考生在以下空白处写入执行语句 ******/

/****考生在以上空白处写入执行语句 ******/

```
printf("%f\n",s);
fp=fopen("CD1.dat","wb");
fwrite(&s,8,1,fp);
fclose(fp);
}
```

18. 将数组 a 的每行均除以该行上的主对角元素。

说明：第 1 行都除以 a[0][0]，第 2 行都除以 a[1][1]，……

```
#include <stdio.h>
#include <math.h>
void main( )
{
    FILE *fp; double c; int i,j;
    double a[3][3]={{1.3,2.7,3.6},{2,3,4.7},{3,4,1.27}};
    /****考生在以下空白处写入执行语句******/
```

视频：程序设计题第 18 题


```
    /****考生在以上空白处写入执行语句******/
    for(i=0;i<3;i++) {
        for(j=0;j<3;j++) printf("%7.3f ",a[i][j]);
        putchar('\n');
    }
    fp=fopen("CD2.dat","wb");
    fwrite(*a+8,8,1,fp);
    fclose(fp);
}
```

19. 在正整数中找出 1 个值最小且满足条件"被 3、5、7、9 除余数分别为 1、3、5、7"的数。

```
#include <stdio.h>
void main( )
{
    FILE *fp; long i=1;
    /****考生在以下空白处写入执行语句 ******/




    /****考生在以上空白处写入执行语句 ******/
    printf("%d\n",i);
    fp=fopen("CD1.dat","wb");
    fwrite(&i,4,1,fp);
    fclose(fp);
}
```

20. 用 for 循环找出所有两个数乘积等于 20 的数据对。(提示：判断 20 能否被 i 整除的条件可以写作"20.0/i= =(int)(20/i)")

```
#include <stdio.h>
void main( )
{
    FILE *fp; long i,n=0,x[10][2];
    /****考生在以下空白处写入执行语句******/




    /****考生在以上空白处写入执行语句******/
    for(i=0;i<n;i++)
        printf("%ld    %ld\n",x[i][0],x[i][1]);
    fp=fopen("CD1.dat","wb");
    fwrite(&x,4,2*n,fp);
    fclose(fp);
}
```

21. 计算并显示平面上 5 点间距离总和。程序中的 x[i]、y[i]表示其中 1 个点的 x、y 坐标。要求用二重循环实现。

```
#include <stdio.h>
#include <math.h>
void main( )
{
    FILE *fp; double s,x[5]={-1.5,2.1,6.3,3.2,-0.7};
    double y[5]={7,5.1,3.2,4.5,7.6}; int i,j;
    /****考生在以下空白处写入执行语句******/



    /****考生在以上空白处写入执行语句******/
    printf("%f\n",s);
    fp=fopen("CD1.dat","wb");
    fwrite(&s,8,1,fp);
    fclose(fp);
}
```

22. 编制函数 f( )，函数原型为 double f(double *,double,int)，用于计算下列代数表达式的值：

$$a_0+a_1x+a_2x^2+a_3x^3+\cdots+a_{n-1}x^{n-1}$$

函数 main( )提供了一个测试用例，计算在 x=1.5 时一元九次代数多项式的值。

```
#include <stdio.h>
#include <math.h>
/****考生在以下空白处编写函数 f( )******/



/****考生在以上空白处编写函数 f( )******/
void main( )
{
    FILE *fp; double y;
    double b[10]={1.1,3.2,-2.5,5.67,3.42,-4.5,2.54,5.6,0.97,4.65};
    y=f(b,1.5,10);
    printf("%f\n",y);
```

```
fp=fopen("CD2.dat","wb");
fwrite(&y,8,1,fp);
fclose(fp);
}
```

23. 编制函数 f( )，用于在 m 行 n 列的二维数组中查找值最大的元素之行下标和列下标。函数 main( )提供了一个测试用例。

```
#include <stdio.h>
void f(int **a,int m,int n,int *mm,int *nn)
{
    int i,j,max=a[0][0];
    /****考生在以下空白处写入执行语句 ******/



    /****考生在以上空白处写入执行语句 ******/
}
void main( )
{
    FILE *fp; int ii,jj;
    int b[3][3]={{1,3,4},{2,9,5},{3,7,6}};
    int *c[3]={b[0],b[1],b[2]};
    /****考生在以下空白处写入调用语句 ******/



    /****考生在以上空白处写入调用语句 ******/
    printf("最大值为%d,行号%d,列号%d\n",b[ii][jj],ii,jj);
    fp=fopen("CD2.dat","wb");
    fwrite(&ii,4,1,fp); fwrite(&jj,4,1,fp);
    fclose(fp);
}
```

24. 数列的第 1 项为 81，此后各项均为它前 1 项的正平方根，统计该数列前 30 项之和。

```
#include <stdio.h>
#include <math.h>
void main( )
{
    FILE *fp; double sum,x; int i;
    /****考生在以下空白处写入执行语句******/



    /****考生在以上空白处写入执行语句******/
    printf("%f\n",sum);
    fp=fopen("CD1.dat","wb");
    fwrite(&sum,8,1,fp);
    fclose(fp);
}
```

25. 统计满足条件 $x^2 + y^2 + z^2 = 2013$ 的所有正整数解的个数(若 a、b、c 是 1 个解，则 a、c、b 也是 1 个解)。

```
#include <stdio.h>
void main( )
{
    FILE *fp; long x,y,z,k=0;
    /****考生在以下空白处写入执行语句******/



    /****考生在以上空白处写入执行语句******/
    printf("%ld\n",k);
    fp=fopen("CD1.dat","wb");
    fwrite(&k,4,1,fp);
    fclose(fp);
}
```

26. 求数组 a 中 10 个数的平均值 v，将大于等于 v 的数组元素求和并存入变量 s 中。

```
#include <stdio.h>
```

```
    void main( )
    {
        FILE *fp;
        double a[10]={1.7,2.3,1.2,4.5,-2.1,-3.2,5.6,8.2,0.5,3.3};
        double v,s; int i;
        /****考生在以下空白处写入执行语句******/




        /****考生在以上空白处写入执行语句******/
        printf("%f   %f\n",v,s);
        fp=fopen("CD1.dat","wb");
        fwrite(&s,8,1,fp);
        fclose(fp);
    }
```

27. x、y 为取值在[0,10]区间的整数，计算并显示函数 $f(x,y) = 3x(x-5) + x(y-6) + (y-7)y$ 在区间内取值最小点 x1、y1。

```
    #include <stdio.h>
    long f(long x,long y) {
        return 3*(x-5)*x+x*(y-6)+(y-7)*y;
    }
    void main( )
    {
        FILE *fp; long min,x1,y1,x,y;
        /****考生在以下空白处写入执行语句******/




        /****考生在以上空白处写入执行语句******/
        printf("%d(%d,%d)\n",min,x1,y1);
        fp=fopen("CD2.dat","wb");
        fwrite(&min,4,1,fp);fwrite(&x1,4,1,fp);
        fwrite(&y1,4,1,fp);
```

```
    fclose(fp);
  }
```

28. 统计并显示 500～800 之间所有素数的总个数以及总和。

```
#include <stdio.h>
#include <math.h>
/****考生在以下空白处编写函数 f( )，用于判断与形参相应的实参是否为素数****/




/*****考生在以上空白处编写函数 f( )*************/
void main( )
{
    FILE *fp; int i; long s=0,k=0;
    /****考生在以下空白处写入执行语句******/




    /****考生在以上空白处写入执行语句******/
    printf("素数个数%d    素数总和%d\n",k,s);
    fp=fopen("CD2.dat","wb");
    fwrite(&k,4,1,fp);fwrite(&s,4,1,fp);
    fclose(fp);
}
```

29. 数组元素 x[i]、y[i]表示平面上某点的坐标，统计 10 个点中落在圆心为(1，−0.5)、半径为 5 的圆内的点的个数。

```
#include <stdio.h>
#include <math.h>
#define f(x,y) (x-1)*(x-1)+(y+0.5)*(y+0.5)
void main( )
{
    FILE *fp; long i,k=0;
    float x[10]={1.1,3.2,-2.5,5.67,3.42,-4.5,2.54,5.6,0.97,4.65};
    float y[10]={-6,4.3,4.5,3.67,2.42,2.54,5.6,-0.97,4.65,-3.33};
```

/****考生在以下空白处写入执行语句 ******/

/****考生在以上空白处写入执行语句 ******/

```
printf("%d\n",k);
fp=fopen("CD1.dat","wb");
fwrite(&k,4,1,fp);
fclose(fp);
}
```

30. x 与函数值都取 double 类型，对 x = 1，1.5，2，2.5，…，9.5，10，求函数 f(x) = x −10cos(x) −5sin(x)的最大值。

```
#include <stdio.h>
#include <math.h>
```
/****考生在以下空白处声明函数 f( )******/

/****考生在以上空白处声明函数 f( )******/

```
void main( )
{
    FILE *fp; double x,max;
```
/****考生在以下空白处写入执行语句******/

/****考生在以上空白处写入执行语句******/

```
    printf("%f\n",max);
    fp=fopen("CD2.dat","wb");
    fwrite(&max,8,1,fp);
    fclose(fp);
}
```

笔 试 模 拟 题

模 拟 题 1

一、程序阅读与填空(每小题 3 分，共 72 分)

1. 阅读下列程序说明和程序，在每小题提供的可选答案中选择一个正确的答案。

【程序说明】

输入 2 个整数 m 和 n(m≤n)，输出从 m 到 n 之间所有的整数，每行输出 5 个数，再输出这些数的和。

运行示例：

```
Enter m and n：-3   4
   -3  -2  -1   0   1
    2   3   4
Sum=4
```

【程序】

```c
#include<stdio.h>
main( )
{
    int    i,m,n,sum;
    printf("Enter m and n:");
    scanf("%d%d",&m,&n);
    __(1)__ ;
    for(i=m;__(2)__ ;i++){
        printf("%6d",i);
        if((__(3)__)%5==0)
            printf("\n");
        __(4)__ ;
    }
    printf("\nsum==%d\n",sum);
}
```

【供选择的答案】

(1) A. sum=0   B. sum=1   C. i=0   D. m=0

(2) A. i<n   B. i>=n   C. i<=n   D. i>n

(3) A. i+1   B. i   C. i-m   D. i-m+1

(4) A. sum=+i　　　　B. sum=sum+i　　　　C. sum=sum+m　　　　D. sum=sum+n

2. 阅读下列程序说明和程序，在每小题提供的可选答案中选择一个正确的答案。

【程序说明】

设已有一个 10 个元素的整型数组 a，且按值从小到大有序排列。输入一个整数 x，在数组中查找 x，如果找到，则输出相应的下标，否则，输出"Not Found"。

运行示例 1：

　　Enter x：8

　　Index is　7

运行示例 2：

　　Enter x：71

　　Not Found

【程序】

```c
#include<stdio.h>
int Bsearch (int p[],int n,int x);
main( )
{
    int a[10]={1,2,3,4,5,6,7,8,9,10};
    int m,x;
    printf("Enter x:");
    scanf("%d",&x);
      (1)  ;
    if(m>=0)
        printf(" Index is %d\n",m);
    else
        printf("Not Found\n");
}
Int Bsearch(int p[],int n,int x)
{
    int high,low,mid;
    low=0;high=n-1;
    while(low<=high){
      (2)  ;
    if(x==p[mid] )
        break;
    else if(x<p[mid])
          (3)  ;
    else
        low=mid+1;
    }
```

```
        if(low<=high)
            (4) ;
        else
            return  -1;
    }
```

【供选择的答案】

(1) A. Bsearch(a,10,x)　　　　　　B. m=Bsearch(a,10,x)

　　 C. m=Bsearch(p,n,x)　　　　　　D. Bsearch(p,n,x)

(2) A. mid=low/2　　　　　　　　　　B. mid=high/2

　　 C. mid=(low+high)/2　　　　　　D. mid=(high-low)/2

(3) A. mid=high-low　　B. high=mid-1　　C. high=low　　D. low-high

(4) A. return high　　　B. return low　　　C. return 0　　　D. return mid

3. 阅读下列程序说明和程序，在每小题提供的可选答案中选择一个正确的答案。

【程序说明】

输入一个以回车结束的字符串(少于 80 个字符)，将其中的大写字母用图 5 列出的对应大写字母替换，其余字符不变，并输出替换后的字符串。

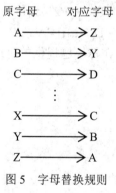

原字母　　对应字母

A ⟶ Z

B ⟶ Y

C ⟶ D

⋮

X ⟶ C

Y ⟶ B

Z ⟶ A

图 5　字母替换规则

运行示例：

```
    Input a string：A flag of Team
    After replaced：Z flag of Geam
```

【程序】

```
#include<stdio.h>
main( )
{
    int i;
    char ch,str[80];
    printf("Input a string:");
    i=0;
    while(  (1)  ){
        (2)  ;
    }
```

```
        str[i]='\0';
        for(i=0;   (3)   ;i++)
            if(str[i]<='Z'&&str[i]>='A')
                str[i]=   (4)   ;
        printf("After replaced:");
        for(i=0;str[i]!='\0';i++)
            putchar(str[i]);
        putchar('\n');
    }
```

【供选择的答案】

(1)　A.　getchar( )!= '\n'　　　　　　B.　(ch=getchar( ))!= '\n'
　　　C.　ch!= '\n'　　　　　　　　　D.　ch=getchar( )!= '\n'

(2)　A.　str[i]=ch　　　　　　　　　B.　str[i]=getchar( )
　　　C.　str[i++]=ch　　　　　　　　D.　ch=str[i]

(3)　A.　str[i]!= '\0'　　　　　　　　B.　str[i]= '\0'
　　　C.　str[i]== '\0'　　　　　　　　D.　i<=80

(4)　A.　'A'-'Z'-str[i]　　　　　　　　B.　'A'+'Z'-str[i]
　　　C.　-'A'+'Z'-str[i]　　　　　　　D.　str[i] -'A'+'Z'

4. 阅读下列程序并回答问题，在每小题提供的可选答案中选择一个正确的答案。

【程序】

```
#include<stdio.h>
int f1( )
{ return 0x0b &3; }
char f2(int i)
{
    char ch='a';
    switch(i){
        case 1:
        case 2:
        case 3:ch++;}
    return ch;
}
int f3(int x)
{
    int s;
    if(x<0) s=-1;
    else if(x==0) s=0;
    else s=1;
    return s;
```

```
    }
    main( )
    {
        printf("%d\n",EOF);
        printf("%x\n",f1());
        printf("%c %c\n",f2(2),f2(5));
        printf("%d %d %d\n",f3(-1),f3(0),f3(10));
    }
```

【问题】

(1) 程序运行时，第 1 行输出_____。

A. −1   B. NULL   C. EOF   D. 1

(2) 程序运行时，第 2 行输出_____。

A. 1   B. 2   C. 3   D. b

(3) 程序运行时，第 3 行输出_____。

A. c a   B. a a   C. a c   D. b a

(4) 程序运行时，第 4 行输出_____。

A. 1 0 −1   B. −1 −1 1   C. −1 1 1   D. −1 0 1

5. 阅读下列程序并回答问题，在每小题提供的可选答案中选择一个正确的答案。

【程序】

程序 1：

```
#include<stdio.h>
int f1(int n)
{
    static int r=0;
    return r++;
}
main( )
{
    int    i;
    for(i=0;i<=5;i++)
        printf("%d\n",f1(i));
}
```

程序 2：

```
#include<stdio.h>
int f2(int n)
{
    if(n==1) return 1;
    else return n+f2(n-1);
}
```

```
main( )
{
    int   i;
    for(i=5;i>0;i--)
    printf("%d\n",  f2(i));
}
```

【问题】

(1) 程序 1 运行时，第 2 行输出_____。

A. 1　　　　　B. 2　　　　　C. 3　　　　　D. 0

(2) 程序 1 运行时，第 5 行输出_____。

A. 0　　　　　B. 4　　　　　C. 3　　　　　D. 2

(3) 程序 2 运行时，第 1 行输出_____。

A. 1　　　　　B. 3　　　　　C. 10　　　　　D. 15

(4) 程序 2 运行时，第 4 行输出_____。

A. 10　　　　　B. 1　　　　　C. 6　　　　　D. 3

6. 阅读下列程序并回答问题，在每小题提供的可选答案中选择一个正确的答案。

【程序】

```
#include<stdio.h>
main( )
{
    int i,j,n=5,a[10][10];
    for(i=0;i<n;i++)
    a[i][0]=a[i][i]=1;
    for(i=0;i<n;i++)
        for(j=1;j<i;j++)
        a[i][j]=a[i-1][j-1]+a[i-1][j];
        printf("\n");
    for(i=0;i<n;i++){
        for(j=0;j<n-1-i;j++)
        printf("%4d",0);
        for(j=0;j<=i;j++)
        printf("%4d",a[i][j]);
        printf("\n");
    }
}
```

【问题】

(1) 程序运行时，第 2 行输出_____。

A. 0 0 0 1 1　　　B. 0 0 0 0 1　　　C. 0 0 0 3 4　　　D. 0 1 1 1

(2) 程序运行时，第 3 行输出_____。

A. 0 0 1 2 1   B. 1 2 1 0 1   C. 1 0 2 0 0   D. 1 0 0 1

(3) 程序运行时，第 4 行输出_____。

A. 0 1 2 3 1   B. 0 0 0 0 2   C. 2 1 2 2 3   D. 0 1 3 3 1

(4) 程序运行时，第 5 行输出_____。

A. 1 3 3 1 0   B. 0 1 4 3 1   C. 1 4 6 4 1   D. 3 0 0 3

二、程序编写(每小题 14 分，共 28 分)

1. 输入 10 个整数，将它们存入数组 a 中，先找出数组 a 中绝对值最大的数，再将它和第一个数交换，最后输出这 10 个数。

2. 按下面要求编写程序：

(1) 定义函数 fun(x)，用于计算 $x^2 - 6.5x + 2$，函数返回值类型是 double。

(2) 输出一张函数表(如表 1 所示)，x 的取值范围是[−3，+3]，每次增加 0.5，$y = x^2 - 6.5x + 2$。要求调用函数 fun(x)计算 $x^2 - 6.5x + 2$。

表 1 函 数 表

x	y
−3.00	30.50
−2.50	24.50
⋮	⋮
2.50	−8.00
3.00	−8.50

模 拟 题 2

一、程序阅读与填空(每小题 3 分，共 72 分)

1. 阅读下列程序说明和程序，在每小题提供的可选答案中选择一个正确的答案。

【程序说明】

输入一个正整数 m，判断它是否为素数。素数就是只能被 1 和自身整除的数。1 不是素数，2 是素数。

运行示例：

Enter m: 9

9 isn't a prime.

Enter m: 79

79 is a prime.

【程序】

```
#include <stdio.h>
#include <math.h>
main( )
{
    int j, k, m;
    printf("Enter m: ");
    scanf("%d", &m);
    k = sqrt(m);
    for( j=2;   (1)   ; j++ )
        if(   (2)   )   (3)   ;
    if( j > k &&   (4)   )
        printf("%d is a prime.\n", m);
    else
        printf("%d isn't a prime.\n", m);
}
```

【供选择的答案】

(1)　A. j > k　　　　　B. j <= k　　　　　C. j > m　　　　　D. j < n

(2)　A. m%j == 0　　　B. m%j = 0　　　　C. m%j != 1　　　D. m%j == 1

(3)　A. return　　　　B. break　　　　　C. go　　　　　　D. continue

(4)　A. m == 1　　　　B. m != 2　　　　　C. m != 1　　　　D. m == 2

2. 阅读下列程序说明和程序，在每小题提供的可选答案中选择一个正确的答案。

【程序说明】

输入一个正整数 n1，再输入第一组 n1 个数，这些数已从小到大排序。输入一个正整数 n2，随即输入第二组 n2 个数，它们也已从小到大排序。两组数合并，合并后的数应按从小到大的顺序排列。要求定义和调用 merge(list1, n1, list2, n2, list, n)，其功能是将数据 list1

的前 n1 个数和 list2 的前 n2 个数共 n 个数合并存入数组 list，其中 list1 的前 n1 和 list2 的前 n2 个数分别按从小到大的顺序排列，合并后的数组 list 的前 n 个数也按从小到大的顺序排列。

运行示例：

Enter n1: 6

Enter 6 integers: 2 6 12 39 50 99

Enter n2: 5

Enter 5 integers: 1 3 6 10 35

Merged: 1 2 3 6 6 10 12 35 39 50 99

【程序】

```
void merge(int list1[],int n1,int list2[],int n2,int list[],   (1)   )
{
    int i, j, k;
      (2)
    while( i< n1 && j< n2){
        if(   (3)   ) list[k] = list1[i++];
        else list[k] = list2[j++];
        k++;
    }
    while( i< n1) list[k++] = list1[i++];
    while( j< n2) list[k++] = list2[j++];
      (4)   ;
}
#include <stdio.h>
main( )
{
    int i, n1, n2, n, list1[100], list2[100], list[100];
    printf("Enter n1:");
    scanf("%d", &n1);
    printf("Enter %d integers:", n1);
    for(i=0; i < n1; i++)
        scanf("%d", &list1[i]);
    printf("Enter n2:");
    scanf("%d", &n2);
    printf("Enter %d integers:", n2);
    for(i=0; i < n2; i++)
        scanf("%d", &list2[i]);
    merge(list1, n1, list2, n2, list, &n);
    printf("Merged: ");
```

```
        for(i=0; i < n; i++)
            printf("%d ", list[i]);
    }
```

【供选择的答案】

(1) A. int &n　　　　B. int n　　　　　C. n　　　　　　　D. int *n

(2) A. i=j=0;　　　　B. i=j=k=1;　　　C. i=j=k=0;　　　D. k=0

(3) A. list1[k] < list2[j]　　　　　　　B. list1[i] < list2[j]

　　 C. list1[i] < list2[k]　　　　　　　D. list1[i] = list2[j]

(4) A. *n=k　　　　　B. return n1+n2　C. n=k　　　　　D. return k

3. 阅读下列程序说明和程序，在每小题提供的可选答案中选择一个正确的答案。

【程序说明】

为了防止信息被别人轻易窃取，需要把电码明文通过加密方式变换成为密文。变换规则：小写字母 z 变换成 a，其他字母变换成该字符 ASCII 码顺序后 1 位的字符。

输入一个字符串(少于 80 个字符)，输出相应的密文。要求定义和调用函数 encrypt，该函数将字符串 s 变换为密文。

运行示例：

```
    Enter the sring: hello hangzhou
    After being encrypted: ifmmp!ibohaipv
```

【程序】

```
    #include <stdio.h>
    #include <string.h>
    main( )
    {
        char   line[80];
        printf("Input the string: ");
        gets(line);
          (1)   ;
        printf("After being encrypted: %s\n", line);
    }
    void encrypt(char *s)
    {
        int i;
        for( i=0;   (2)   ; i++)
            if( s[i] == 'z' )   (3)   ;
            else   (4)   ;
    }
```

【供选择的答案】

(1) A. encrypt(line[])　　　　　　B. encrypt(line)

　　 C. encrypt(&line)　　　　　　D. encrypt(*line)

(2) A. s[i] == '\0'　　　　B. i<80　　　　C. s[i] != '\0'　　　　D. i<=80

(3) A. s[i]= 'A'　　　　　　　　　　B. s[i]= 'b'

　　C. s[i]=s[i]+1　　　　　　　　D. s[i]= 'a'

(4) A. s[i]=s[i]-1　　　　　　　　B. s[i]= 'P'

　　C. s[i]=s[i]+1　　　　　　　　D. s[i]= 'a'

4. 阅读下列程序并回答问题，在每小题提供的可选答案中选择一个正确的答案。

【程序】

```
#include <stdio.h>

main( )

{
    int a=5, i=0;
    char s[10] = "abcd";
    printf("%d   %d\n", 1<a<3, !!a);
    printf("%d   %d\n", a<<2, a&1);
        while(s[i++] != '\0')
            putchar(s[i]);
    printf("\n%d\n", i);
}
```

【问题】

(1) 程序运行时，第 1 行输出_____。

A. 1 1　　　　　　B. 0 0　　　　　　C. 0 1　　　　　　D. 1 0

(2) 程序运行时，第 2 行输出_____。

A. 20 1　　　　　　B. 20 5　　　　　　C. 10 1　　　　　　D. 10 5

(3) 程序运行时，第 3 行输出_____。

A. abcd　　　　　　B. abc　　　　　　C. abcd\0　　　　　　D. bcd

(4) 程序运行时，第 4 行输出_____。

A. 4　　　　　　B. 6　　　　　　C. 0　　　　　　D. 5

5. 阅读下列程序并回答问题，在每小题提供的可选答案中选择一个正确的答案。

【程序】

程序 1：

```
#include <stdio.h>

main( )

{
    int n, s = 1;
    scanf("%d", &n);
    while( n != 0 ){
        s *= n%10;
        n /= 10;
    }
```

```
        printf("%d\n", s);
    }
```

程序 2：

```
    #include <stdio.h>
    main( )
    {
        char c;
        while( (c = getchar( )) !='0'){
            switch(c) {
                case'1':
                case'9': continue;
                case'A': putchar('a');
                        continue;
                default: putchar(c);
            }
        }
    }
```

【问题】

(1) 程序 1 运行时，若输入为 1234，则输出为_____。

A. 0　　　　　　　　B. 1　　　　　　　　C. 24　　　　　　　　D. 10

(2) 程序 1 运行时，若输入为 0，则输出为_____。

A. 0　　　　　　　　B. 1　　　　　　　　C. 24　　　　　　　　D. 10

(3) 程序 2 运行时，若输入为 A1290，则输出为_____。

A. a2　　　　　　　B. aA129　　　　　　C. A129　　　　　　　D. A1290

(4) 程序 2 运行时，若输入为 B1340，则输出为_____。

A. B340　　　　　　B. B34　　　　　　　C. B1340　　　　　　　D. B134

6. 阅读下列程序并回答问题，在每小题提供的可选答案中选择一个正确的答案。

【程序】

```
    #include <stdio.h>
    main( )
    {
        int i,j;
        static   a[4][4];
        for(i = 0; i < 4; i++) {
            for(j = 0; j < 4; j++) {
                if(j >= i) a[i][j] = i+1;
                printf("%d", a[i][j]);
            }
            printf("\n");
```

```
        }
    }
```

【问题】

(1) 程序运行时，第 1 行输出_____。

A. 0000   B. 0111   C. 1111   D. 0011

(2) 程序运行时，第 2 行输出_____。

A. 2222   B. 1111   C. 0111   D. 0222

(3) 程序运行时，第 3 行输出_____。

A. 0022   B. 2200   C. 1234   D. 0033

(4) 程序运行时，第 4 行输出_____。

A. 0004   B. 4000   C. 0003   D. 4321

二、程序编写(每小题 14 分，共 28 分)

1. 输入 2 个正整数 m 和 n(1≤m≤6，1≤n≤6)，然后输入矩阵 a(m 行 n 列)中的元素，分别计算并输出各行元素之和。

2. 按下面要求编写程序：

(1) 定义函数 fun(x)，用于计算 $x^2-3.14x-6$，函数返回值类型是 double。

(2) 输出一张函数表(如表 2 所示)，x 的取值范围是[−10，+10]，每次增加 1，$y = x^2 - 3.14x - 6$。要求调用函数 fun(x)计算 $x^2 - 3.14x - 6$。

表 2　函　数　表

x	y
−10	125.40
−9	103.26
⋮	⋮
9	46.74
10	62.60

模 拟 题 3

一、程序阅读与填空(每小题 3 分，共 72 分)

1. 阅读下列程序说明和程序，在每小题提供的可选答案中选择一个正确的答案。

【程序说明】

输入一批整数(以零或负数为结束标志)，求奇数和。

运行示例：

```
Enter integers: 9   3   6   10   31   -1
sum = 43
```

【程序】

```c
#include <stdio.h>
main( )
{
    int x, odd;
    printf("Enter integers: ");
    odd = 0;
    scanf("%d", &x);
    while(   (1)   ){
        if(   (2)   ) odd = odd + x;
           (3)   ;
    }
    printf("sum = %d ",   (4)   );
}
```

【供选择的答案】

(1) A. x > 0 　　　　　　 B. x >= 0 　　　　　 C. x != 0 　　　　　 D. x <= 0

(2) A. x%2 != 0 　　　　 B. x%2 == 0 　　　　 C. x/2 == 0 　　　　 D. x != 2

(3) A. scanf("%d",&x) 　　　　　　　　　 B. scanf("%d",x)

　　 C. x !=0 　　　　　　　　　　　　　 D. x = odd

(4) A. sum 　　　　　　 B. odd 　　　　　　 C. x 　　　　　　　 D. integers

2. 阅读下列程序说明和程序，在每小题提供的可选答案中选择一个正确的答案。

【程序说明】

输入一个正整数 n，找出其中最小的数字，用该数字组成一个新数，新数的位数与原数相同。

运行示例：

```
Enter an integer: 2187
The new integer: 1111
```

【程序】

```c
#include <stdio.h>
```

```
    main( )
    {
        int   count = 0, i, min_dig, n, new = 0;
        min_dig =   (1)   ;
        printf("Enter integers: ");
        scanf("%d", &n);
        do {
            if(n%10 < min_dig) min_dig = n%10;
              (2)   ;
            count++;
        } while(n != 0);
        for( i=0;   (3)   ; i++)
            new =   (4)   ;
        printf("The new integer: %d\n", new);
    }
```

【供选择的答案】

(1) A. 0　　　　　　 B. 1　　　　　 C. 9　　　　　 D. -1

(2) A. n = min_dig　 B. n = n % 10　 C. n--　　　　 D. n = n/10

(3) A. i <= count　　 B. i < n　　　　 C. i < new　　 D. i < count

(4) A. new + min_dig　　　　　　　　 B. new + min_dig * 10

　　 C. new * 10 + min_dig　　　　　　 D. min_dig

3. 阅读下列程序说明和程序，在每小题提供的可选答案中选择一个正确的答案。

【程序说明】

输入一个以回车结束的字符串(少于 80 个字符)，判断该字符串中是否包含 "Hello"。要求定义和调用函数 in(s,t)，该函数用于判断字符串 s 中是否包含字符串 t，若满足条件，则返回 1，否则返回 0。

运行示例：

　　Enter a string: Hello world!

　　"Hello world! " includes "Hello"

【程序】

```
#include <stdio.h>
int in(char *s, char *t)
{
    int i, j, k;
    for( i=0; s[i]!= '\0'; i++ ){
          (1)
        if( s[i] == t[j] ){
            for(k=i; t[j] != '\0'; k++, j++)
                if(   (2)   ) break;
```

```
            if (t[j] == '\0')   (3)   ;
        }
    }
    return 0;
}
main( )
{
    char s[80];
    printf("Enter a string: ");
    gets(s);
    if (   (4)   )
        printf("\"%s\"includes \"Hello\"\n", s);
    else
        printf("\"%s\"doesn't include \"Hello\"\n", s);
}
```

【供选择的答案】

(1) A. j = i;　　　　　　B. j = 0;　　　　C. i = j　　　　D. ;

(2) A. s[k] != t[j]　　　　　　　　B. s[k] == t[j]

　　　C. s[i] == t[k]　　　　　　　　D. s[i] != t[j]

(3) A. break　　　　B. return 1　　　C. continue　　　D. return 0

(4) A. in(char *s, char *t)　　　　B. in(s, "Hello")

　　　C. in(*s, *t)　　　　　　　　D. in(s, t)

4. 阅读下列程序并回答问题，在每小题提供的可选答案中选择一个正确的答案。

【程序】

```
#include <stdio.h>
#define   T(a, b)   ((a) != (b)) ? ((a) > (b) ? 1: -1) : 0
int f1( )
{
    int x = -10;
    return !x == 10 == 0 == 1;
}
void f2(int n)
{
    int s = 0;
    while(n--)
        s += n;
    printf("%d %d\n", n, s);
}
double f3(int n)
```

```
    {
        if(n == 1) return 1.0;
        else return n * f3(n-1);
    }
    main( )
    {
        printf("%d %d %d\n", T(4, 5),T(10, 10), T(5, 4));
        printf("%d\n", f1( ));
        f2(4);
        printf("%.1f\n", f3(5));
    }
```

【问题】

(1) 程序运行时，第 1 行输出_____。

A. 1 0 1   B. 0 0 0   C. 0 1 0   D. −1 0 1

(2) 程序运行时，第 2 行输出_____。

A. 1.0   B. 1   C. 3.0   D. 3

(3) 程序运行时，第 3 行输出_____。

A. 0 10   B. 0 6   C. −1 6   D. −1 10

(4) 程序运行时，第 4 行输出_____。

A. 1.0   B. 120   C. 120.0   D. 1

5. 阅读下列程序并回答问题，在每小题提供的可选答案中选择一个正确的答案。

【程序】

程序 1：

```
    #include <stdio.h>
    main( )
    {
        int i, j, n = 4;
        for(i = 1; i < n; i++){
            for(j = 1; j <= 2*(n-i)-1; j++)
                putchar('*');
            putchar('\n');
        }
    }
```

程序 2：

```
    #include <stdio.h>
    main( )
    {
        char str[80];
        int i;
```

```
        gets(str);
        for(i = 0; str[i] != '\0'; i++)
            if(str[i] <= '9' && str[i] >= '0')
                str[i] = 'z' - str[i] + '0';
        puts(str);
    }
```

【问题】

(1) 程序 1 运行时，第 1 行输出_____。

A. **　　　　　B. ****　　　　　C. ***　　　　　D. *****

(2) 程序 1 运行时，第 2 行输出_____。

A. **　　　　　B. ****　　　　　C. ***　　　　　D. *****

(3) 程序 2 运行时，若输入为 135，则输出为_____。

A. bdf　　　　　B. ywu　　　　　C. 864　　　　　D. 135

(4) 程序 2 运行时，若输入为 086，则输出为_____。

A. zrt　　　　　B. aig　　　　　C. 913　　　　　D. 086

6. 阅读下列程序并回答问题，在每小题提供的可选答案中选择一个正确的答案。

【程序】

```
#include <stdio.h>
main( )
{
    int i,j;
    char  *s[4]={ "continue", "break", "do-while", "point"};
    for(i = 3; i >= 0; i--)
        for(j = 3; j > i; j--)
            printf("%s\n", s[i]+j);
}
```

【问题】

(1) 程序运行时，第 1 行输出_____。

A. tinue　　　　　B. ak　　　　　C. nt　　　　　D. while

(2) 程序运行时，第 2 行输出_____。

A. uer　　　　　B. le　　　　　C. ak　　　　　D. nt

(3) 程序运行时，第 3 行输出_____。

A. ile　　　　　B. eak　　　　　C. int　　　　　D. nue

(4) 程序运行时，第 4 行输出_____。

A. tinue　　　　　B. break　　　　　C. while n　　　　　D. point

二、程序编写(每小题 14 分，共 28 分)

1. 输入 100 个学生的计算机成绩，统计不及格(小于 60 分)学生的人数。

2. 按下面要求编写程序：

(1) 定义函数 f(n)，用于计算 $n + (n + 1) + \cdots + (2n - 1)$，函数返回值类型是 double。

(2) 定义函数 main( )，输入正整数 n，计算并输出算式

$$s = 1 + \frac{1}{2+3} + \frac{1}{3+4+5} + \cdots + \frac{1}{n+(n+1) + \cdots + (2n-1)}$$

的值。要求调用函数 f(n) 计算 $n + (n + 1) + \cdots + (2n - 1)$ 的值。

模 拟 题 4

一、程序阅读与填空(每小题 3 分，共 72 分)

1. 阅读下列程序说明和程序，在每小题提供的可选答案中选择一个正确的答案。

【程序说明】

输入一个整数，求它的各位数字之和及位数。例如，17 的各位数字之和是 8，位数是 2。

运行示例：

```
Enter an integer:17
sum=8,count=2
```

【程序】

```c
#include<stdio.h>
main( )
{
    int count=0,in,sum=0;
    printf("Enter an integer: ");
    scanf("%d",&in);
    if(   (1)   ) in=-in;
    do{
        sum=sum+   (2)   ;
        (3)   ;
        count++;
    } while(   (4)   );
    printf("sum=%d,count=%d\n",sum,count);
}
```

【供选择的答案】

(1) A. in==0 　　　B. in>0 　　　　C. in!=0 　　　　D. in<0

(2) A. in/10 　　　B. in mod 10 　　C. in%10 　　　　D. in

(3) A. in=in%10 　B. in/10 　　　　C. in=in/10 　　　D. in%10

(4) A. in%10!=0 　B. in!=0 　　　　C. !in 　　　　　D. in/10!=0

2. 阅读下列程序说明和程序，在每小题提供的可选答案中选择一个正确的答案。

【程序说明】

输出 50～70 之间的所有素数。要求定义和调用函数 isprime(m)来判断 m 是否为素数，若 m 为素数，则返回 1，否则返回 0。素数就是只能被 1 和自身整除的正整数，1 不是素数，2 是素数。

运行示例：

```
53 59 61 67
```

【程序】

```c
#include<stdio.h>
```

```
#include<math.h>
main( )
{
    int i;int isprime(int m);
    for(i=50;i<=70;i++)
        if(   (1)   )
            printf("%d",i);
}
int isprime(int m)
{
    int i,k;
    (2)
    k=(int)sqrt((double)m);
    for(i=2;i<=k;i++)
        if(m%i==0)   (3)   ;
    (4)   ;
}
```

【供选择的答案】

(1)　A．isprime(m)!=0　　　　　　B．isprime(i)!=0

　　　C．isprime(m)==0　　　　　　D．isprime(i)==0

(2)　A．if(m!=1) return 1;　　　　　B．if(m==1) return 0;

　　　C．;　　　　　　　　　　　　D．if(m==1) return 1;

(3)　A．return 0　　　　　　　　　B．return 1

　　　C．return i<=k　　　　　　　D．return

(4)　A．return 1　　　　　　　　　B．return 0

　　　C．return　　　　　　　　　　D．return i<=k

3. 阅读下列程序说明和程序，在每小题提供的可选答案中选择一个正确的答案。

【程序说明】

输入 6 个整数，找出其中最小的数，将它和最后一个数交换，然后输出这 6 个数。要求定义和调用 swap(x,y)，该函数交换指针 x 和 y 所指向单元的内容。

运行示例：

```
Enter 6 integer: 6 1 8 2 10 97
After swaped: 6 97 8 2 10 1
```

【程序】

```
void swap(int *x,int *y)
{
    int t;
    (1)   ;
}
```

```
main( )
{
    int i,index,a[10];
    printf("Enter 6 integers: ");
    for(i=0;i<6;i++)
        scanf("%d",&a[i]);
      (2)  ;
    for(i=1;i<6;i++)
        if(a[index]>a[i])
            (3)  ;
      (4)  ;
    printf("After swaped: ");
    for(i=0;i<6;i++)
        printf("%d ",a[i]);
    printf("\n");
}
```

【供选择的答案】

(1) A. t=*x;*x=*y;*y=t   B. t=x;x=y;y=t
    C. *t=*x;*x=*y;*y=*t   D. &t=x;x=y;y=&t

(2) A. index=0   B. index=5
    C. index=index   D. index=1

(3) A. a[index]=a[i]   B. i=index
    C. a[i]=a[index]   D. index=i

(4) A. swap(a[index],a[5])   B. swap(*a[index],*a[5])
    C. swap(a[*index],a[*5])   D. swap(&a[index],&a[5])

4. 阅读下列程序并回答问题，在每小题提供的可选答案中选择一个正确的答案。

【程序】

```
#include<stdio.h>
#define T(c) (((c)>='0')&&((c)<='9')? (c)-'0': -1)
void f1(char ch)
{
    switch(ch){
        case '0': printf("0");
        case '1': printf("1");
        case'2': printf("2");break;
        case '3': printf("3");
        default : printf("9");
    }
    printf("\n");
```

```
    }
double f2( )
    { return (double)(5/2); }
double f3(int n)
    { if(n==1) return 1.0;
      else return 1.0+1.0/f3(n-1); }
main( )
{
    printf("%d %d\n",T('7'),T('a'));
    f1('1');
    printf("%.1f\n",f2( ));
    printf("%.3f\n",f3(4));
}
```

【问题】

(1) 程序运行时，第 1 行输出_____。

A. 7 −1   B. −1 7   C. 7 a   D. −1 −1

(2) 程序运行时，第 2 行输出_____。

A. 1239   B. 12   C. 1   D. 9

(3) 程序运行时，第 3 行输出_____。

A. 2.5   B. 2   C. 2.0   D. 3

(4) 程序运行时，第 4 行输出_____。

A. 1.000   B. 2.000   C. 1.500   D. 1.667

5. 阅读下列程序并回答问题，在每小题提供的可选答案中选择一个正确的答案。

【程序】

程序 1：

```
#include<stdio.h>
main( )
{
    int i,j,t,a[3][4]={1,2,3,4,5,6,7,8,9,10,11,12};
    for(i=0;i<3;i++)
    for(j=0;j<=i/2;j++){
        t=a[i][j];a[i][j]=a[i][3-j];a[i][3-j]=t;
    }
    printf("%d\n",a[0][1]);
    printf("%d\n",a[2][2]);
}
```

程序 2：

```
#include<stdio.h>
main( )
```

```c
    {
        char str[10]= "27";
        int i,number =0;
        for (i=0;str[i]!= '\0';i++)
            if(str[i]>= '0'&&str[i]<= '7')
                number=number*8+str[i]- '0';
        printf("%d\n",number);
        for(i=0;str[i]!= '\0';i++)
            if(str[i]>= '0'&&str[i]<= '5')
                number=number*6+str[i]- '0';
        printf("%d\n",number);
    }
```

【问题】

(1) 程序 1 运行时，第 1 行输出＿＿＿＿＿。

A. 3 　　　　　 B. 4 　　　　　 C. 1 　　　　　 D. 2

(2) 程序 1 运行时，第 2 行输出＿＿＿＿＿。

A. 12 　　　　　 B. 11 　　　　　 C. 10 　　　　　 D. 9

(3) 程序 2 运行时，第 3 行输出＿＿＿＿＿。

A. 2 　　　　　 B. 27 　　　　　 C. 23 　　　　　 D. 16

(4) 程序 2 运行时，第 4 行输出＿＿＿＿＿。

A. 19 　　　　　 B. 140 　　　　　 C. 147 　　　　　 D. 2

6. 阅读下列程序并回答问题，在每小题提供的可选答案中选择一个正确的答案。

【程序】

```c
#include<stdio.h>
main( )
{
    int i,j;
    char ch,*p1,*p2,*s[4]={ "four","hello","peak","apple"};
    for(i=0;i<4;i++)
    {
        p1=p2=s[i];
        ch=*(p1+i);
        while(*p1!= '\0')
        {
            if(*p1!=ch)
            {
                *p2=*p1;
                p2++;
            }
        }
    }
```

```
        p1++;
      }
    *p2='\0';
  }
  for(i=0;i<4;i++)
    printf("%s\n",s[i]);
}
```

【问题】

(1) 程序运行时，第 1 行输出_____。

A. our   B. four   C. fur   D. fou

(2) 程序运行时，第 2 行输出_____。

A. ello   B. hllo   C. heo   D. hell

(3) 程序运行时，第 3 行输出_____。

A. peak   B. eak   C. pek   D. pak

(4) 程序运行时，第 4 行输出_____。

A. pple   B. apple   C. ale   D. appe

二、程序编写(每小题 14 分，共 28 分)

1. 编写程序，输入 100 个整数，将它们存入数组 a，求数组 a 中所有奇数之和。

2. 按下面要求编写程序：

(1) 定义函数 total(n)，用于计算 $1+2+3+\cdots+n$，函数返回值类型是 int。

(2) 定义函数 main( )，输入正整数 n，计算并输出算式

$$s=1+\frac{1}{1+2}+\frac{1}{1+2+3}+\cdots+\frac{1}{1+2+3+\cdots+n}$$

的值。要求调用函数 total(n)计算 $1+2+3+\cdots+n$。

模 拟 题 5

一、程序阅读与填空(每小题 3 分，共 72 分)

1. 阅读下列程序说明和程序，在每小题提供的可选答案中选择一个正确的答案。

【程序说明】

输入 5 个整数，将它们从小到大排序后输出。

运行示例：

　　Enter 5 integers: 9 -9 3 6 0

　　After sorted: -9 0 3 6 9

【程序】

```
#include<stdio.h>
main( )
{
    int i,j,n,t,a[10];
    printf("Enter 5 integers: " );
    for(i=0;i<5;i++)
        scanf("%d",   (1)   );
    for(i=1;   (2)   ;i++)
        for(j=0;   (3)   ;j++)
            if(   (4)   ){
                t=a[j];a[j]=a[j+1]; a[j+1]=t;
            }
    printf("After sorted: " );
    for(i=0;i<5;i++)
        printf("%3d",a[i]);
}
```

【供选择的答案】

(1)　A. &a[i] 　　　　　B. a[i] 　　　　　C. *a[i] 　　　　　D. a[n]

(2)　A. i<5 　　　　　　B. i<4 　　　　　　C. i>=0 　　　　　D. i>4

(3)　A. j<5-i-1 　　　　B. j<5-i 　　　　　C. j<5 　　　　　　D. j<=5

(4)　A. a[j]<a[j+1] 　　　　　　　　　　　B. a[j]>a[j-1]

　　 C. a[j]>a[j+1] 　　　　　　　　　　　D. a[j-1]<a[j+1]

2. 阅读下列程序说明和程序，在每小题提供的可选答案中选择一个正确的答案。

【程序说明】

输出 80～120 之间满足给定条件的所有整数。条件为构成该整数的每位数字都相同。要求定义和调用函数 is(n)来判断整数 n 的每位数字是否都相同，若相同，则返回 1，否则返回 0。

运行示例：

88 99 111

【程序】

```
#include<stdio.h>
main( )
{
    int i;int is(int n);
    for(i=80;i<=120;i++)
        if(   (1)   )
        printf("%d ",i);
    printf("\n");
}
int is(int n)
{   int old,digit;
    old=n%10;
    do{
        digit=n%10;
        if(   (2)   )
            return 0;
          (3)
        n=n/10;
    }while(n!=0);
      (4)
}
```

【供选择的答案】

(1) A. is(n)==0　　　　　　　　B. is(i)==0

　　 C. is(n)!=0　　　　　　　　D. is(i)!=0

(2) A. digit != n % 10;　　　　　B. digit == old

　　 C. old == n % 10　　　　　　D. digit != old

(3) A. digit = old;　　　　　　　B. ;

　　 C. old = digit ;　　　　　　D. old =digit / 10;

(4) A. return ;　　　　　　　　B. return 1;

　　 C. return 0;　　　　　　　　D. return digit != old;

3. 阅读下列程序说明和程序，在每小题提供的可选答案中选择一个正确的答案。

【程序说明】

输入一个以回车结束的字符串(少于 80 个字符)，将其逆序输出。要求定义和调用函数 reverse(s)，该函数将字符串 s 逆序存放。

运行示例：

Enter a string: 1+2=3

After reversed: 3=2+1

【程序】

```
#include<stdio.h>
void reverse(char *str)
{
    int i, j, n = 0;
    char t;
    while(str[n]!= '\0')
        n++;
    for(i = 0,  (1)   ;i < j;  (2)   ){
        t=str[i] , str[i]=str[j] , str[j]=t;
    }
}
main( )
{
    int i = 0;
    char s[80];
    printf("Enter a string: ");
    while(  (3)  )
        i++;
    s[i] =   '\0 ';
     (4)   ;
    printf("After reversed: ");
    puts(s);
}
```

【供选择的答案】

(1)　A. j = n-1　　　　　　B. j = n　　　　　C. j = n-2　　　　　　D. j = n + 1

(2)　A. i++, j--　　　　　　B. i++, j++　　　　C. i--, j++　　　　　　D. i--, j--

(3)　A. s[i]=getchar( )　　　　　　　　　B. (s[i]=getchar( )) != '\n'

　　C. s[i]= != '\0'　　　　　　　　　　D. (s[i]=getchar( ) != '\n')

(4)　A. reverse(*s)　　　　　　　　　　B. reverse(s)

　　C. reverse(&s)　　　　　　　　　　D. reverse(str)

4. 阅读下列程序并回答问题，在每小题提供的可选答案中选择一个正确的答案。

【程序】

```
#include<stdio.h>
#define S(x)   3< (x) < 5
int a ,n;
void f1(int n)
{
    for(;n>=0;n--){
```

```
            if(n%2!=0)continue;
            printf("%d",n);
        }
        printf("\n");
    }
    double f2(double x, int n)
    {
        if(n == 1)return x;
        else return x*f2(x,n-1);
    }
    main ( )
    {
        int a = 9 ;
        printf("%d    %d \ n", a , S (a) );
        f1(4) ;
        printf("% .1f \ n", f2( 2.0 , 3 ) );
        printf("%d    %d \ n", n , S(n) );
    }
```

【问题】

(1) 程序运行时，第 1 行输出_____。

A. 0 1　　　　　B. 9 1　　　　　C. 0　0　　　　　D. 9　0

(2) 程序运行时，第 2 行输出_____。

A. 3 1　　　　　B. 4 2 0　　　　　C. 4 3 2 1　　　　　D. 0

(3) 程序运行时，第 3 行输出_____。

A. 8.0　　　　　B. 2.0　　　　　C. 4.0　　　　　D. 3.0

(4) 程序运行时，第 4 行输出_____。

A. 0 1　　　　　B. 3 1　　　　　C. 0 0　　　　　D. 3 0

5. 阅读下列程序并回答问题，在每小题提供的可选答案中选择一个正确的答案。

【程序】

程序 1：

```
#include<stdio.h>
main( )
{
    int i,j;
    static int a[4][4];
    for(i=0;i<4;i++)
        for(j=0;j<=i;j++){
            if(j==0 || j ==i) a[i][j] = 1;
            else a[i][j] = a[i-1][j-1]+ a[i-1][j];
```

```
        }
    for(i=2;i<4;i++){
        for(j=0;j<=i;j++)
            printf("%d",a[i][j]);
        printf("\n");
    }
}
```

程序 2:

```
#include<stdio.h>
main( )
{
    char str[80];
    int i;
    gets(str);
    for (i=0;str[i]!= '\0';i++)
        if(str[i] =='z')str[i]='a';
        else str[i]=str[i] + 1 ;
    puts(str);
}
```

【问题】

(1) 程序 1 运行时，第 1 行输出_____;

A. 1　　　　　　　B. 1 1　　　　　　C. 1 2 1　　　　　　D. 1 3 3 1

(2) 程序 1 运行时，第 2 行输出_____;

A. 1　　　　　　　B. 1 1　　　　　　C. 1 2 1　　　　　　D. 1 3 3 1

(3) 程序 2 运行时，若输入为 123，则输出为_____;

A. 123　　　　　　B. 012　　　　　　C. 231　　　　　　D. 234

(4) 程序 2 运行时，若输入为 sz，则输出为_____;

A. sz　　　　　　　B. ty　　　　　　　C. ta　　　　　　　D. tz

6. 阅读下列程序并回答问题，在每小题提供的可选答案中选择一个正确的答案。

【程序】

```
#include<stdio.h>
main( )
{
    int i,j;
    char ch,*p1,*p2,*s[4]={ "tree","flower","grass","garden"};
    for(i=0;i<4;i++){
        p2=s[i];
        p1 = p2 + i;
        while(*p1!= '\0'){
```

```
                    *p2 = *p1;
                    p1++; p2++;
                }
                *p2='\0';
            }
        for(i=0;i<4;i++)
            printf("%s\n",s[i]);
    }
```

【问题】

(1) 程序运行时，第 1 行输出_____。

A. ree   B. ee   C. Tree   D. e

(2) 程序运行时，第 2 行输出_____。

A. flower   B. ower   C. wer   D. lower

(3) 程序运行时，第 3 行输出_____。

A. grass   B. ss   C. rass   D. ass

(4) 程序运行时，第 4 行输出_____。

A. en   B. arden   C. den   D. garden

二、程序编写(每小题 14 分，共 28 分)

1. 输入 100 个整数，将它们存入数组 a，再输入一个整数 x，统计并输出 x 在数组 a 中出现的次数。

2. 按下面要求编写程序：

(1) 定义函数 fact(n)，用于计算 n!，函数返回值类型是 double。

(2) 定义函数 main( )，输入正整数 n，计算并输出算式

$$s = n + \frac{n-1}{2!} + \frac{n-2}{3!} + \cdots + \frac{1}{n!}$$

的值。要求调用函数 fact(n)计算 n!。

附录　参 考 答 案

基 础 知 识 篇

项目 1　练一练

单选题

1. A。熟记标识符的概念。C 语言中的标识符只能由字母、数字和下划线三种字符组成，且第一个字符必须为字母或下划线。

2. C。熟记标识符的概念。

3. A。熟记标识符的概念。

4. C。C 语言程序的特点之一：C 语言程序是由函数构成的。一个 C 语言程序可以只包含一个 main( )函数，也可以包含一个 main( )函数和若干其他函数。

5. B。C 语言程序的特点之一：一个 C 语言程序总是从 main( )函数开始执行，在 main( )函数中结束，而且 main( )函数的位置不固定。

项目 2　练一练

一、判断题

1. ×。不一定，是否从新行开始取决于是否使用了换行控制符，即"\n"。

2. √。变量的命名规则一定要遵循标识符的定义规则，而且变量在使用之前必须进行定义(声明)。

3. √。变量定义格式为"类型说明符　变量名;"，所以在定义变量时必须明确该变量的类型。

4. ×。C 语言在使用过程中严格区分大小写，所以本题是错误的。

5. ×。C 语言有转义字符"\n"，可以实现换行功能，所以不一定需要写三行输出语句。

6. √。"%"取余运算符的两个操作数必须是整数。

7. ×。C 语言不用大写书写控制格式符；常用格式控制有 int(%d)、long int(%ld)、float(%f)、double(%lf)、char(%c)。

二、单选题

1. B。主要考查字符型常量和字符串常量的定义。字符型常量是指由一对单引号括起来的单个字符。字符串常量是指由一对双引号括起来的字符序列。根据这两个概念可知答案选 B。

2. D。主要熟悉各种运算符的运算规则，尤其是"/"和"%"。表达式运算过程如下：

$$x+a\%3*(int)(x+y)\%2/4=2.5+7\%3*(int)(2.5+4.7)\%2/4$$
$$=2.5+1*7\%2/4=2.5+1/4=2.5$$

这里考虑到实数在 C 语言中默认 6 位小数，故选 D。

3. B。在 C 语言中字符型数据和整型数据相互之间可以进行运算，所以选项 A 和 D 表达正确；选项 C 是转义字符；选项 B 表达错误，字符型常量需要用单引号括起来。

4. A。整型常量八进制开头为 0，而八进制数码是 0~7，所以选 A。

5. C。定义变量时，对于多个变量同一类型的赋值，需要使用选项 C 所示的表达方式。

6. A。标准 C 语言常用数据类型在存储空间上的占用情况是：char(1)、int(2)、long int(4)、float(4)、double(8)。

7. D。"%4.2f"表示该数据占 4 个位置，且小数点保留 2 位。

8. B。选项 C 含有两个字符，即字符串常量必须使用双引号；选项 A 是八进制数，八进制数码是 0~7，不存在 8；选项 D"\0"是字符串结束标志，是单个字符，所以应使用单引号。

9. A。数学算术表达式和 C 语言的算术表达式不同，其中选项 A 表示的是 a*b*d/c。

10. D。不同类型的数据进行计算时，系统会自行进行转换，char→int→float→double。具体参考配套教材上介绍的转换关系。

11. B。根据 C 语言标识符的定义知，选项 B 正确。

12. B。C 语言中没有逻辑型的数据。

13. D。本题要求将字符 a(97)以十六进制和八进制输出。

14. C。复合的赋值运算 "a+=a-=a+a" 等价于从右到左依次计算，即先计算 a=a-(a+a)=-9，再计算 a=a+a=-18。

15. C。因为 x、y、z 是整数，所以 x 只能取 1，并且 y、z 的计算结果取整数，即

$$y=(x+3.8)/5.0=(1+3.8)/5.0=0,\ z=(d+3.8)/5.0=1$$

16. A。根据变量定义知 d 和 f 都是实数，而 l 和 i 都是整数，由 i=f=l=d=20/3 算得 6，从输出格式可以看出，i 和 l 以整数形式输出，而 d 和 f 以实数形式输出，所以选 A。

17. C。此题考查了 scanf( ) 函数按照宽度来为输入数据赋值。对于"%2d%3f%4f"，若输入为"9876543210"，则依次取两位、三位、四位分别给 a、b、c，即 a=98，b=765，c=4321，输出格式"%f"默认 6 位小数。

18. C。从键盘输入 "1, 2, 3<回车>"，输入中有普通符号 ","，所以在输入语句中需要加入 ","。

项目 3　练一练

一、单选题

1. B。这个表达式是逗号运算，所以从左到右依次计算。先出现 a++，即 a=a+1，也就是 a 为 2；然后出现 c=a+b--，即先计算 c=a+b=2+1=3，再计算 b--，即 b=b-1=0。

2. C。选项 C 中的 k 没有初始值，所以选项 C 是不符合 C 语言语法的赋值语句。

3. B。"a++"等价于"a=a+1"，所以选 B。

4．B。"printf("%d\n",(a＝3*5,a*4,a＋5));"考查了逗号运算的规则，即逗号运算符通过逗号将多个子表达式加以分隔，构成一个逗号表达式，逗号表达式的值为各子表达式中最右边表达式的值。因此，(a=3*5,a*4,a+5)的计算结果是(a=15,60,20)，最终结果是 20。

5．D。z=(x%y,x/y)也是一个逗号运算，将 x、y 的值代入，得 z=(10%3,10/3)，进行逗号运算得 z=10/3，取整数即 3。

6．D。"x--"是先输出 x，再 x 自减 1；"--y"是先 y 自减 1，再输出 y。故选 D。

7．D。解析同上。

8．C。

9．B。本题的关键是 if(m++ >5)条件判断。先 m=5，5>5 显然为假，则执行 else 部分，且 m 自增 1，m 变成 6 后执行 "printf("%d\n",m--);"这条语句，同样也是先输出 m 的值 6 后，再自减 1。故选 B。

10．C。本题的关键是 if 语句中的条件判断。对于条件表达式(++a<0)&&!(b--<=0)，先计算++ a<0，++在前表示先计算 a=a+1=-1+1=0，即 0<0 为假，逻辑运算&&出现了短路现象(即出现第一个假)，后面无须计算即可判断(++a<0)&&!(b--<=0)条件为假，于是执行 else 语句，输出的 b 还是原来的 1，a 为 0。

11．A。本题主要考查 if…else 的配对问题，以及关系运算符"!="和逻辑运算符"!"。

12．B。本题考查的是 if…else 的配对问题。if…else 配对遵循就近原则，也就是最后一个 else 和最后一个 if 是一对，第一个 if 和最近的 else 是一对，第二个 if 语句是单分支语句。配对好后进入程序条件判断，!a=!0=1 条件为真，则执行 x--，即 x=x-1=34。但是这里还需要执行第二配对，条件 c=0 显然为假，则执行 "else x=4;"，即输出 x 的值为 4。故选 B。

13．C。选项 A 错在 w 是实数，一般是字符型和整型表达式；选项 B 中 case 部分应是整型常量；选项 D 中 switch(a+b)后面不应有分号。

14．A。"y=(x>0?1:x<0?-1:0);"可翻译成：如果 x>0，则 y=1；若 x<0，则 y=-1；若 x=0，则 y=0。所以选 A。

15．A。本题考查的是"/""%""&&"运算符的运算规则。a=c/100%9=246/100%9=2%9=2；b=(-1)&&(-1)，C 语言中凡非零数都理解为真，算式中两个操作数都是-1，则都为真，所以 b=1。

16．C。do…while 循环语句是先做再判断循环条件。本题中循环语句 "sum+=i++;"等价于 "sum=sum+i;i=i+1;"，循环条件是 i<6，换言之就是实现了 1+2+…+5，由于 sum 的初始值是 2，因此最终结果是 17。

17．A。本题要理解输出函数里的条件运算。语句 "printf((x%2)?("**%d"):("##%d\n"),x);"表示如果 x 能被 2 整除，则执行 printf("##%d\n",x)，否则执行 printf("**%d",x)。x=3 不能被 2 整除，则执行结果是**3；x=4 能被 2 整除，则执行结果是##4 再换行；x=5 不能被 2 整除，则输出**5。所以选 A。

18．B。

19．B。

20．B。

21．B。

22. B。这是一个双重循环的题目，一定要弄清楚外部循环和内部循环的执行过程。

23. C。

24. C。

变量	n	k	n<k(循环条件)
初始化	0	4	真
第一次	1	4	真(因为 if(1%3!=0)满足条件，故执行"continue;")
第二次	2	4	真(因为 if(2%3!=0)满足条件，故执行"continue;")
第三次	3	3	假(因为 if(3%3!=0)不满足条件，故执行"k--;")

当循环条件为假时，整个循环结束，所以最后输出结果是 3，3。

25. C。分析一次执行过程。首先 x=3，进入循环执行输出语句 x=x-2=1，所以第一个输出的 x 是 1；接下来判断条件!(--x)=!(x=x-1=0)=!0=1(真)，即条件为真继续第二次循环，但要注意此时的 x=0，进入循环执行输出语句 x=x-2=-2，所以第二个输出的 x 是-2；同理判断循环条件!(--x)=!(x=x-1=-3)=0(假)，循环结束。故选 C。

二、程序阅读题

1. 2。

2. 103。

3. a=2，b=1。switch 选择语句也称为开关语句，并且存在两个开关语句嵌套。对于第一个 switch(x)，此时 x=1，则选择 case 1 入口；后面语句又是一个 switch(y)，而 y=0，则执行"a++;"，即 a 为 1 后遇到 break 语句结束 switch(y)内部选择语句，回到外部 switch(x)；但由于 case 1 后面没有出现 break 语句，因此将继续执行"case 2：a++ ;b++ ;break;"语句，所以程序的输出结果是 a=2，b=1。

4. *- #-。a=1 时，输出*；a=2 时，输出-；a=3 时，输出#-。

5. v0=2，v1=8。

6. 5　15。这是一个双重循环的题目，一定要弄清楚外部循环和内部循环的执行过程。

7. 5　5。这是一个双重循环的题目，一定要弄清楚外部循环和内部循环的执行过程。

8. 5　0。这是一个双重循环的题目，一定要弄清楚外部循环和内部循环的执行过程。

9. 0　15。这是一个双重循环的题目，一定要弄清楚外部循环和内部循环的执行过程。

10. 1。本题实际只需要考虑最后一次循环的情况，当 i 从 2 循环到 7，也就是 i = 7 时，进行 if 语句的判断，15%7 == 0 肯定为假，则执行 else 部分，即"y = 1;"，所以输出结果是 1。

11. 0。本题考查 break 语句。能被 m 整除的最小 i 是 3，此时 if 语句条件为真，则先执行"y=0;"，再执行 break 语句，也就是强制性结束循环，所以输出结果是 0。

12. 0。本题考查 break 语句。能被 m 整除的最小 i 是 3，此时 if 语句条件为真，则执行 break 语句，也就是强制性结束循环；然后进行后面双分支结构的判断，显然 3>7 为假，则执行"y=0;"。故输出结果是 0。

13. -1。本题表面上考查循环，但本质是考查 break 语句。能被 m 整除的最小 i 是 3，此时 if 语句条件为真，则执行 break 语句，也就是强制性结束循环，而 y=0 根本不能得到，所以此题保持了 y 的原始值-1。故输出结果是-1。

项目 4　练一练

单选题

1. ① B，② A。因为函数 power(float x,int y)的功能是求 x 的 y 次幂值，即 y 个 x 相乘。空①可以看出 y 是循环变量，而循环变量是递增还是递减，要看它的初始值。从函数调用可以知道 y=4，实现的是 3 的 4 次方，所以 y 是递减的，故①处选 B。空②是每循环一次乘一个 x，所以选 A。

2. D。函数 fun( )的功能是找出两者中的较大者，所以函数调用语句 "r=fun(fun(x,y), 2*z);" 即 "r=fun(fun(3,8),12);" 的功能是找出 3、8、12 的最大值，故选 D。

3. D。函数自己调用自己是函数递归调用，func(n)函数就是递归调用，当 n=1 时，函数返回值是 1，否则返回 "n*func(n-1);"，即实现了 1×2×3×…×n。所以 func(5)=1×2×3×4×5=120。

4. A。本题主要考查 static 存储方式，参考配套教程例 4-8 的分析过程。

5. B。本题考查全局变量和局部变量同名的问题。二者同名时，以局部变量为主。本题中 m 变量在主函数中没有定义，所以 fun2(a,b)/m 需要借用全局变量 m=13；而 fun2( ) 函数中定义了 m=3，所以 return(x*y-m)中 m=3。最后结果是(5×7−3)/13=32/13=2。

6. (1) D，(2) C，(3) C，(4) B。此题把函数的参数说明都表现了出来，且全局变量和局部变量都为 k，当全局变量和局部变量同名时，使用局部变量的值，全局变量无效。static 型变量属于静态存储类型，在静态存储区分配存储单元，在程序整个运行期间都不释放，并且在运行过程中初始化只有一次，其间若值发生改变，会一直保留下来。

7. C。本题考查了逗号运算和函数调用。逗号运算的结果是最后一个表达式的结果。本题中，

$$r=func((x++ ,y++ ,x+y),z--)，即 r=func((6,7,15),8)=func(15,8)$$

最后结果是 15+8=23。

8. A。从三条分支语句可以知道函数 f( )的功能是比较 a、b 的大小。若 a>b，则返回值是 1；若 a=b，则返回值是 0；若 a<b，则返回值是−1。而主函数中 p=f(i,i+1)=f(2,3)，故 p=−1。

9. D。函数 fun( )中没有返回值语句 return，主函数中 c 也没有初始化，故输出结果无定值。

10. A。函数 f( )的功能是计算 s=1.0+1.0/1+1.0/2+…+1.0/n。主函数里也有一个循环调用函数 f( )，过程如下：

i=0　a=s=1.0
i=1　a=1.0+1.0+1.0/1=3
i=2　a=3+1.0+1.0/1+1.0/2=5.5
i=3　循环条件不满足，循环结束

项目 5　练一练

一、单选题

1. A。数组 s 定义好后，没有对相关数组元素初始化，所以 k=s[1]*10 是个不确定的值。

2. D。二维数组在定义的同时赋值，一定要注意两点：二维数组的下标不要越界；二维数组的下标不能省略。

3. B。数组元素引用格式：数组名[下标]，其中下标为从 0 到元素个数−1 的整型数据。本题数组大小是 10，那么元素下标为 0～9 的整数，所以选 B。

4. B。二维数组元素引用和一维数组元素引用规则一样。

5. B。可以对数组的部分元素进行初始化，整型数组 a 可以存放 10 个整数，而本题只赋值了 5 个元素，即 a[0]～a[4]。

6. B。第一个循环是对数组 a 初始化，10 个整型数组元素 a[0]～a[9]依次是 0～9；第二个循环是对数组 p 进行初始化，即 p[0]=a[0]=0，p[1]=a[2]=2，p[2]=a[6]=6。第三个循环：

i=0 时，k=k+p[0]*2=5+0*2=5；

i=1 时，k=k+p[1]*2=5+2*2=9；

i=2 时，k=k+p[2]*2=9+6*2=21。

因此，最后输出 k 的值为 21。

7. B。a[i][j]元素说明前面有 i 行，每行 m 个元素即 m*i，j 列前面也有 j 个元素，所以一共有 m*i+j 个元素，故选 B。

8. A。需要输出两个字符串对应相等的字符，通过循环一一对比，如果相同，则输出。"if(x[i]== y[i])printf("%c",____);"这条语句就是找到相同的字符进行输出并且下标往后走一个，因此空白处可以填 x[i++]或者 y[i++]。

9. C。

10. B。在定义二维数组时，若省略一维，则按照二维大小进行分布。本题"int a[][3]={1,2,3,4,5,6,7};"，每行 3 个元素——1、2、3 第一行，4、5、6 第二行，7、0、0 第三行，也就是一共 3 行。故选 B。

11. A。通过"char str[10]={'s','t','r','i','n','g'};"语句可以知道为单个字符逐一赋值的方式，那么命令 strlen(str)检测数据 str 字符的实际个数为 6。

12. B。

13. C。利用循环扫描字符串，通过 i+=2 知道每隔一个字符扫描一次，由循环条件"ch[i]>='0'&&ch[i]<'9'"可知，只有扫描到 0～8 之间的字符，才进行运算 s=10*s+ch[i]- '0'，比如字符串"123abc4"的第一个符号是"1"，显然满足条件，即 s=10*0+'1'-'0'=1；依次类推，接下来扫描到字符"3"，仍满足条件，即 s=1*10+'3'-'0'=13；循环变量再往后移到字符"b"上，很明显不满足条件，循环结束。

14. B。根据循环条件可以知道，当两个字符串均未结束且对应位置上元素相同时，循环一直进行下去，也就是执行 i=i+1；直到有一个条件不满足，则输出此时两个字符串对应 i 位置元素差。当差值大于 0 时，则 a 串大于 b 串；当差值等于 0 时，则 a 串等于 b 串；当差值小于 0 时，则 a 串小于 b 串。

15. C。根据 do…while 循环语句可以知道该程序的功能是将十进制整数转换成二进制整数，转换后的二进制整数存在数组 a 中，最后输出。

16. D。本题考查结构体成员的引用。这里 student 结构体中的生日成员又是一个结构体，出现了嵌套，那么变量 s 的生日表示就是：s.birth.year(年)、s.birth.month(月)、s.birth.day(日)，故选 D。

17. A。当说明一个结构体变量时，系统分配给它的内存是各成员所需内存量的总和。

18. D。参考结构体定义的几种格式，可以知道选项 D 不正确。选项 D 其实是省略结构体名的同时定义了一个结构体变量 student，所以最后一行语句中的表达式是错误的。

19. C。stutype 是用户定义的结构体类型变量名，而不是结构体类型名，结构体类型名是 struct stu。

20. A。

21. A 或者 D。sizeof(struct date)表示测试结构体类型 struct date 所需要的存储空间。此题与用于测试的计算机位数有关。对于标准 C，int 类型占 2 字节内存空间，一共有 3 个整型成员，故需要 6 字节；若是在目前流行的 64 位计算机上测试，则选 D，因为 int 类型占 4 字节内存空间，一共有 3 个整型成员，所以需要 12 字节。

22. D。需要打印出字母 M，发现整个结构体数组中只有一个"Mary"，而该数据是结构体数组中的第三个元素 name 成员中的第一个字母，所以数组下标肯定是 2，name 成员的首字母则用 name[0]表示，故选 D。

二、程序阅读题

1. s=44，count=7。本题的核心就是 for 循环部分，逐一扫描数组中的每个元素，如果当前元素大于 0(正数)，就累加起来并且统计正数的个数，最后输出累加和与正数个数。

2. 1010。本程序的功能是将十进制整数转换成二进制整数。

三、程序填空题

1. 第一空：s[i]!='\0'

　　第二空：j++ ;

根据程序功能，要删除字符串中的"c"，则需要从首字符扫描到字符串结束，所以第一空的循环结束条件是判断当前字符是否是"\0"，循环语句表示如果当前字符不是"c"字符，就移动 i 和 j 的位置，这里要明白 i 是控制原串的下标的变量，而 j 是控制删除"c"之后的字符串下标的变量，所以第二空是 j++。

2. 第一空：for(i=0;a[i]!='\0';i++)

　　第二空：a[i]>='0'&&a[i]<='9'

第一空很明显缺少了循环控制部分，有种万能方法可以控制字符结束，那就是判断字符串结束符"\0"，即 for 语句循环控制表达式，从 0 下标开始，扫描到当前字符是"\0"结束。这里出现了 if…else 嵌套，理解成如果当前字符是字母就 n[0]++，否则还要判断是否是数字，若是数字，则 n[1]++，否则 n[2]++，所以第二空描述的是否是数字的条件，即 a[i]>='0'&&a[i]<='9'。

3. 第一空：a[i]+a[i-1] ;

　　第二空：i%3== 0

因为数组 b 的元素是由数组 a 中相邻的两个元素和构成的，可以根据提示 b[1]=a[1]+a[0]改写成 b[i]=a[i]+a[i-1]，即第一空的答案。最后数组 b 按每行 3 个元素输出，因为数组 b 元素下标是从 1 开始的，所以下标和个数是对应的，则 i%3==0 作为判断条件。

4. (1) C，(2) D，(3) A，(4) B。

此题第一空需要利用双重循环和 scanf( )函数实现二维数组 a 的 6 个元素的赋值，所以此处填&a[j][k]；第二空在行循环的控制下，进行 sum 初始化，每实现一行元素和累加并输出后进入下一行之前 sum 要重新置 0，所以此处填 sum=0；第三空实现每行元素的累积，所以填 sum=sum+a[j][k]；第四空根据输出实例可以知道行号，行号用 j 控制，即填写 j。

项目6 练一练

一、单选题

1. B。本题中 sub( )函数没有 return 语句，但它通过指针的方式实现了实参数据的改变，即两个整数 x、y 的差赋值给了 z 指针变量所指向的变量，比如函数调用"sub(10,5,&a);"两个整数 10、5 的差赋值给了 z 指针变量所指向的变量 a，所以调用结束后 a 的值是 10 和 5 的差。以此类推，其他几个调用也类似。

2. C。本题中 a 变量没有赋值，所以默认为 0；b=(-*p1)/ (*p2)+7=4/6+7=7。

3. B。指针就是地址，所以指针变量的赋值很特殊。选项 A 中是将指针变量 ptr1 和 ptr2 所指向变量的值相加赋值给整型变量 k，此表达式是正确的；以此类推，选项 D 也正确；而选项 C 是同类型指针进行赋值，也是合法的；选项 B 的表达式不正确，因为 ptr2 是指针，所以赋值中要出现地址的表达，如修改成 ptr2=&k。

4. D。从题中定义的语句我们可以知道，变量 point 是指针变量，a 是一般的整型变量，并且指针 point 指向 a。选项 A 中 a 不是地址的含义；选项 B 中*point 描述的是取 point 所指向变量 a 的内容；选项 C 中前两个都不对；选项 D 中三个表达都是 a 变量的地址。

5. D。"printf("%d\n",++*x);"表示先取 x 指针变量所指存储空间内容 25，++在前面所以先自增 1 再输出 26。

6. D。数组元素的引用方法有下标法和指针法。选项 A 中 a[p-a]本质就是 a[0]，是下标法；选项 B 先是取 a[i]的地址，再取 a[i]的内容，即 a[i]；选项 C 其实等价于 a[i]；选项 D 是错误的，因为*(a+i)可以表达 a[i]，前面不用再加"*"了。

7. D。数组元素的引用方法有下标法和指针法。很明显选项 A 和选项 C 中数组元素下标越界了，本题中数组下标的范围为 0~4；选项 B 表示的是数组 a[2]的地址，与题目不符。所以选 D。

8. D。选项 A 表达的是地址，但下标越界了；选项 B 中*a+1 实质是 a[0]+1；选项 C 错在加 1，因为数组名就是数组的首地址，即&a[0]；选项 D 就是数组首地址，故正确。

9. A。a[i]元素的地址表示形式有：&a[i]、a+i、p+i；a[i]元素的值表示形式有 a[i]、*(a+i)、p[i]、*(p+i)。

10. C。选项 A 和选项 B 都越界了，选项 D 不能通过函数输入进行指针变量的赋值。

11. D。本题考查指针、字符数组进行字符串赋值的关系。选项 D 错在 a="china"，字符数组名不允许对整个字符串赋值，这是错误的方式，其他三项都正确。

12. C。选项 A 错在 str 前面多了&；选项 B 是错误用法；选项 D 中 p[2]表示 a[2]元素。

13. A。字符指针 s 初始化是指向字符串"abcde"的首地址，s+=2 意味着指针 s 指向了'c'字符，所以最后以"%s"格式输出，就是从 s 所指向位置到字符串结束止。

14. B。循环语句"while((*s)&&(*t)&&(*t++== s++));"是空语句，所以重点分析循环

条件(*s)&&(*t)&&(*t++== *s++)，其表达的意思是指针 s 和 t 所指向的字符都不是'\0'且所指向字符对应相同，那么指针 s 和 t 同时往后一个字符，直到有一个条件不满足就结束循环，最后 return(*s-*t)，返回值就是两字符的差。我们学习过字符串比较大小函数的思路就是如此，所以此题的功能是比较两个字符串的大小。

15. D。找出两个字符串前七个符号中相同的符号并且输出。

16. (1) B，(2) A，(3) B。本题主要考查通过函数调用实现形参改变实参的内容。通过指针作为函数形参的方式可以实现实参两数的交换，指针变量作为函数的参数，从实参向形参的数据传递仍然遵循"单向值传递"的原则，只不过此时传递的是地址。只有形参交换的是指针所指向变量的内容才能实现实参两个数的交换。所以本题首先判断函数参数是否是指针，若不是，肯定实现不了实参两个数的交换功能，即调用 f1( ) 函数是不会改变实参的，而 f2( ) 和 f3( ) 函数的形参都是指针变量，但还要看函数体内的语句，交换的是内容还是地址，f2( ) 函数交换的是内容，则能实现实参的交换，而 f3( ) 函数交换的是地址，所以不能实现实参的交换。

17. (1) B，(2) D，(3) C。本题通过函数调用实现删除字符串中的 c 变量的字符。比如输入 a，则删除原字符串中的 a 字符后输出。

18. (1) A，(2) D，(3) D，(4) D。解析同 16 题。

二、程序阅读题

1.   *
      * *
      * * *
      * * * *

2. (1) fourthreetwoone

   (2) onefourthree

   (3) two

   (4) twothree

三、程序填空题

1. 第一空：int *pa，int *pb

   第二空：a>b

2. 第一空：(*m)--

   第二空：f(x,&n)

3. 第一空：j=0;fstr[j]!='\0';j++

   第二空：fstr[j]=='\0'

实 战 篇

上机考试题

一、程序修改题

1. (1) void DtoH(int n)

   (2) if(k<10)

   (3) putchar(k-10+'a');

   (4) DtoH(a[i]) ;

2. (1) for(i=1;i<=10;i++) {

   (2) scanf("%f",&x);

   (3) if(i==1)

   (4) printf("%f,%f\n",max,min);

3. (1) int n,s=0;

   (2) n=n<0?-n:n;

   (3) while(n>0){

   (4) s=s+n%10;

4. (1) gets(str);

   (2) flag=!flag;

   (3) strcpy(str+i,str+i+1);

   (4) continue;

5. (1) if(n==0)

   (2) return x*f(x,n-1);

   (3) if(m<0) break;

   (4) z=f(y,m);

6. (1) float i=0;

   (2) scanf("%lf%lf",&x,&eps);

   (3) t=-t*x/i;

   (4) } while(fabs(t)>=eps);

7. (1) while(scanf("%d",&n),n<1||n>9);

   (2) for(j=0;j<=i;j++)

   (3) a[i][j]=i-j+1;

   (4) printf("%3d",a[i][j]);

8. (1) char a[7]="a2 汉字";

   (2) for(i=0;a[i]!='\0';i++) {

   (3) else putchar('0');

   (4) a[i]=a[i]<<1;

9. (1) scanf("%d%d",&a,&n);

```
    (2)  t=0;
    (3)  for(i=1;i<=n;i++ )
    (4)  s=t+s;
10. (1)  scanf("%d",&n);
    (2)  i=2;
    (3)  while(n>1)
    (4)  n=n/i;
11. (1)  int i=0;
    (2)  while(s1[i]!='\0')
    (3)  s1[i++ ]=s2[j];
    (4)  s1[j]='\0';
12. (1)  for(i=0;i<N;i++ )
    (2)  min=i;
    (3)  if(a[j]<a[min]) min=j;
    (4)  putchar('\n');
13. (1)  struct axy *a;
    (2)  scanf("%d",&n);
    (3)  for(i=0;i<n;i++ )
    (4)  printf("%f\n",(a+i)->y);
14. (1)  printf("请输入密码:");      //此处就是把中文双引号改成英文双引号
    (2)  scanf("%d",&mm);
    (3)  for(i=0;a[i]!='\0';i++ )
    (4)  a[i]=a[i]^mm;
15. (1)  int i,j;
    (2)  for(i=0;i<6;i++ ) {
    (3)  if(a[i]==b[j]) break;
    (4)  if(j<7)
```

二、程序填空题

```
1. (1)  int *m
   (2)  i<*m
   (3)  a[j]=a[j+1]
   (4)  f(x,&n)
2. (1)  string.h
   (2)  i=0
   (3)  s+i,s+i+1
   (4)  else
3. (1)  EOF
   (2)  k=0
```

  (3) m=m/10

  (4) n,k

4. (1) n>0

  (2) t=1

  (3) !F

  (4) t=t*2

5. (1) s[i]='0'

  (2) m=m<<1

  (3) Dec2Bin(n,a)

  (4) printf("%s\n",a)

6. (1) f(x)

  (2) f(0.0)

  (3) x=x+0.5

  (4) max= f(x)

7. (1) b,1.7,5

  (2) float a[],float x,int n

  (3) a[0]

  (4) return y

8. (1) math.h

  (2) m>0

  (3) m=m/10

  (4) y

9. (1) f(24)

  (2) long f(int n)

  (3) return 1

  (4) f(n-1)+f(n-2)

10. (1) %lf

  (2) a[i]/10

  (3) fabs(a[0]-v)

  (4) x=a[i]

11. (1) int *pa,int *pb

  (2) a>b

  (3) &b,&c

  (4) a>b

12. (1) int m,n,k

  (2) break

  (3) k=m>n?n:m

  (4) ||

13. (1) i<6

    (2) a[i]==b[j]

    (3) a[i]

    (4) j==6

14. (1) ctype.h

    (2) gets(s)

    (3) s[i]!='\0'

    (4) s[i]==' '

15. (1) ctype.h

    (2) int i=0

    (3) strcpy

    (4) else

三、程序设计题

```
1. for(y=0;fabs(1/t)>=pow(10,-10);i +=2)
       {
           if(i!=1)
               t=t*(i-1)*i;
           y +=1/t;
           t=-t;
       }
2. for(i=0;i<9;i++ )
       for(j=i+1;j<=9;j++ )
       {
           d=len(x[i],y[i],x[j],y[j]);
           if(min>d)
               min=d;
       }
3. float y=0;
       for(i=2;i<=10;i++ )
               y +=sqrt(i);
4. int f(int i)
   {
       int hui=0;
       int n=i;
       while(i>0)
       {
           hui=hui*10+i%10;
           i/=10;
       }
```

```
            if(hui==n)
                return 1;
        else
                return 0;
    }
5.  for(i=2;i<40;i++ )
    {
        a[i]=a[i-1]+a[i-2];
        s +=a[i];
    }
6.  v=0;
    for(i=0;i<10;i++ )
        v +=x[i];
    v=v/10;

    d=fabs(x[0]-v);
        y=x[0];
    for(i=1;i<10;i++ )
        {
        if(fabs(x[i]-v)<d)
            {
                d=fabs(x[i]-v);
                y=x[i];
            }
        }
7.  for(;;n++ )
    {
        if(pow(a,n)<pow(10,6)&&pow(a,n+1)>pow(10,6))
        break;
    }
    a=pow(a,n);
8.  f(c,3,3);
    for(i=0;i<3;i++ )
    {
        for(j=0;j<3;j++ )
        {
                printf("%lf ",a[i][j]);
        }
        printf("\n");
```

```
        }
9.  for(i=2;i<=12;i++ )
        {
            jc=jc*i;
            y=y+jc;
        }
10. 第一段:
double f(int x,int y)
    {
            return (3.14*x-y)/(x+y);
    }
第二段:
 min=f(1,1);
    x1=y1=1;
    for(i=1;i<=6;i++ )
    {
        for(j=1;j<=6;j++ )
            {
                if(min>f(i,j))
                {
                    min=f(i,j);
                    x1=i;
                    y1=j;
                }
            }
    }
11. for(i=1;i<n;i++ )
        {
        for(j=0;j<n-1;j++ )
        {
            if(s[j]>s[j+1])
            {
                k=s[j];
                s[j]=s[j+1];
                s[j+1]=k;
            }
        }
        }
12. for(i=2;i<=40;i++ )
```

```
        {
            f=f1;
            f1=f2;
            f2=f;
            f2=f1+f2;
            y=y+f2/f1;
        }
```

13.
```
    double f(double *a,double x,int n)
    {
        double sum=0;
        int i;
        sum=a[0];
            for(i=1;i<n;i++ )
            {
                sum +=a[i]*sin(pow(x,i));
            }
            return sum;
    }
```

14.
```
    for(i=1;i<=n;i++ )
        a[i-1]=s[i-1]*i ;
```

15.
```
    x=0;
    for(i=0;a[i]!='\0';i++ )
    {
        if(!('A'<=a[i]&&a[i]<='Z'))
            x +=a[i];
    }
```

16.
```
    for(a=6;a<=5000;a++ )
    {
        b=f(a);
        c=f(b);
        if(a==c&&a!=b)
        {
            printf("%ld %ld\n",a,b);
            k++ ;
        }
    }
```

17.
```
    float s=0.0;
        for(i=0;i<10;i++ )
            {
```

```
            s +=sqrt(pow(1-x[i],2)+pow(1-y[i],2));
        }
18. for(i=0;i<3;i++ )
    {
        c=a[i][i];
        for(j=0;j<3;j++ )
        {
            a[i][j]/=c;
        }
    }
19. for(i=9;;i++ )
    if(i%3== 1&&i%5== 3&&i%7== 5&&i%9== 7)
        break;
20. for(i=1;i<=20;i++ )
        if(20.0/i==(int)(20/i))
        {
            x[n][0]=i;
            x[n][1]=20/i;
            n++ ;
        }
21. s=0;
    for(i=0;i<4;i++ )
        for(j=i+1;j<5;j++ )
            s=s+sqrt((x[i]-x[j])*(x[i]-x[j])+(y[i]-y[j])* (y[i]-y[j]));
22. double f(double *b,double a,int n)
    {
        int i;
        double sum=0;
        for(i=0;i<n;i++ )
            sum +=b[i]*pow(a,i);
        return sum;
    }
23. 第一段：
    for(i=0;i<m;i++ )
        for(j=0;j<n;j++ )
            if(a[i][j]>max)
            {
                max=a[i][j];
                *mm=i;
```

```
            *nn=j;
         }
第二段：
      f(c,3,3,&ii,&jj);
```

24.
```
for(x=81,i=0;i<30;i++ )
{
    sum +=x;
    x=sqrt(x);
}
```

25.
```
for(x=1;x<=44;x++ )
  for(y=x+1;y<=44;y++ )
    for(z=y+1;z<=44;z++ )
    {
      if(x*x+y*y+z*z= =2013)
        k++ ;
    }
```

26.
```
for(v=0,i=0;i<10;i++ )
    v +=a[i];
v=v/10;
    for(s=0,i=0;i<10;i++ )
        if(v<=a[i])
            s +=a[i];
```

27.
```
min=f(0,0);
    for(x=0;x<=10;x++ )
        for(y=0;y<=10;y++ )
            if(min>f(x,y))
            {
                min=f(x,y);
                x1=x;
                y1=y;
            }
```

28. 第一段：
```
int f(int n)
{
    int i;
    for(i=2;i<n;i++ )
    if(n%i==0)
        break;
    if(n==i)
```

```
        return 1;
    else
        return 0;
}
```

第二段：

```
    for(i=500;i<=800;i++ )
      if(f(i))
      {
          s +=i;
          k++ ;
      }
```

29.
```
for(i=0;i<10;i++ )
  {
      if(f(x[i],y[i])<25)
          k++ ;
  }
```

30. 第一段：

```
    double f(double x)
    {
        return x-10*cos(x)-5*sin(x);
    }
```

第二段：

```
    max=f(1);
    for(x=1;x<=10;x=x+0.5)
    {
        if(max<f(x))
            max=f(x);
    }
```

笔试模拟题

模 拟 题 1

一、程序阅读与填空

1. (1) A　　　　(2) C　　　　(3) D　　　　(4) B
2. (1) B　　　　(2) C　　　　(3) B　　　　(4) D
3. (1) B　　　　(2) C　　　　(3) A　　　　(4) B
4. (1) A　　　　(2) C　　　　(3) D　　　　(4) D
5. (1) A　　　　(2) B　　　　(3) D　　　　(4) D
6. (1) A　　　　(2) A　　　　(3) D　　　　(4) C

二、程序编写

1.
```c
#include <stdio.h>
#include <math.h>
void main( )
{
    int a[10];
    int i,max,j,t;
    printf("输入 10 个整数:\n");
    for(i=0;i<10;i++ )
    scanf("%d",&a[i]);
    max=abs(a[0]);
    for(i=1;i<10;i++ )
    if(abs(a[i])>max) {max=abs(a[i]);j=i;}
    t=a[0];
    a[0]=a[j];
    a[j]=t;
    for(i=0;i<10;i++ )
    printf("%d   ",a[i]);
}
```

2.
```c
#include <stdio.h>
double fun(float x)
{return x*x-6.5*x+2;}
void main( )
{
    float x;
    printf("x             y\n");
    for(x=-3;x<=3;x=x+0.5)
```

```
        printf("%.2f   %.2f\n",x,fun(x));
    }
```

模 拟 题 2

一、程序阅读与填空

1. (1) B　　　　(2) A　　　　(3) B　　　　(4) C
2. (1) D　　　　(2) C　　　　(3) B　　　　(4) A
3. (1) B　　　　(2) C　　　　(3) D　　　　(4) C
4. (1) A　　　　(2) A　　　　(3) D　　　　(4) D
5. (1) C　　　　(2) B　　　　(3) A　　　　(4) B
6. (1) C　　　　(2) D　　　　(3) D　　　　(4) A

二、程序编写

```
1. #include < stdio.h >
   #define M 6
   #define N 6
   void main( )
   {
       int a[M][N], m, n, i, j, sum[M] ;
       printf("Input m and n:\n");
       do
           scanf("%d%d", &m, &n);
       while ( m<=0 || n<=0 );
       printf("Input array:\n");
       for(i=0; i<m; i++ )
           for(sum[i]=0,j=0;j<n;j++ )
           { scanf("%d", &a[i][j]);
             sum[i] +=a[i][j];
           }
       printf("The result:\n");
       for(i=0; i<m; i++ )
           printf("%d\n", sum[i]);
   }

2. #include < stdio.h >
   double fun(int x)
   { return x*x-3.14*x-6;}
   void main( )
   {
       int x ; double y;
```

```
        printf("x y\n");
        for(x=-10; x<=10; x++ )
        y=fun(x);
            printf(" % 3 d % 10.2f\n", x,y);
        }
```

模 拟 题 3

一、程序阅读与填空

1. (1) A　　　　(2) A　　　　(3) A　　　　(4) B
2. (1) C　　　　(2) D　　　　(3) D　　　　(4) C
3. (1) B　　　　(2) A　　　　(3) B　　　　(4) B
4. (1) D　　　　(2) B　　　　(3) C　　　　(4) C
5. (1) D　　　　(2) C　　　　(3) B　　　　(4) A
6. (1) D　　　　(2) C　　　　(3) B　　　　(4) A

二、程序编写

```
1. #include < stdio.h >
   #define N 100
   void main( )
   {
       int a[N], i, count=0;
       for ( i=0; i< N; i++ )
           scanf("%d", &a[i]);
       for ( i=0; i< N; i++ )
           if ( a[i] < 60 ) count++ ;
           printf("count=%d\n", count);
   }
2. double f(int n)
   {
       int i ; double s=0 ;
           for ( i=n; i <= 2*n-1; i++ )
           s=s+i ;
       return   s;
   }
   #include < stdio.h >
   void main( )
   {
       double s=0; int n, i ;
```

```
    do {
        scanf("%d", &n);
    }while (n<=0);
    for ( i=1; i<=n; i++ )
        s+= 1/f(i);
    printf("s=%f\n", s);
}
```

模 拟 题 4

一、程序阅读与填空

1. (1) D   (2) C   (3) C   (4) B
2. (1) B   (2) B   (3) A   (4) A
3. (1) A   (2) A   (3) D   (4) D
4. (1) A   (2) B   (3) C   (4) D
5. (1) D   (2) C   (3) C   (4) B
6. (1) A   (2) B   (3) C   (4) D

二、程序编写

```
1. #include <stdio.h>
   void main( )
   {
       int a[100],i,sum;
       for(i=0;i<100;i++ )
       scanf("%d",&a[i]);
       sum=0;
       for(i=0;i<100;i++ )
       if(a[i]%2!=0) sum=sum+a[i];
       printf("%d\n",sum);
   }
2. #include <stdio.h>
   int total(int n)
   {
       int s=0,i;
       for(i=1;i<=n;i++ )
       s=s+i;
       return s;
   }
   void main( )
   {
```

```
    int i,n;
    float s=0;
    scanf("%d",&n);
    for(i=1;i<=n;i++ )
    s=s+1.0/total(i);
    printf("%f\n",s);
}
```

模 拟 题 5

一、程序阅读与填空

1. (1) A　　　(2) A　　　(3) B　　　(4) C
2. (1) D　　　(2) D　　　(3) B　　　(4) B
3. (1) A　　　(2) A　　　(3) B　　　(4) B
4. (1) B　　　(2) B　　　(3) A　　　(4) A
5. (1) C　　　(2) D　　　(3) D　　　(4) C
6. (1) C　　　(2) D　　　(3) D　　　(4) C

二、程序编写

```
1. #include <stdio.h>
   void main( )
   {
       int a[100],i,x,count;
       for(i=0;i<100;i++ )
       scanf("%d",&a[i]);
       printf("再输入一个整数 x: ");
       scanf("%d",&x);
       count=0;
       for(i=0;i<100;i++ )
       if(a[i]==x) count++ ;
       printf("%d\n",count);
   }
2. #include <stdio.h>
   double    fact(int n)
   {
       if(n==0||n==1) return 1;
       else return n*fact(n-1);
   }
   void main( )
   {
```

```
        int i,j,n;
        double s=0;
        scanf("%d",&n);
        for(i=1,j=n;i<=n;i++ ,j--)
        s=s+j/fact(i);
        printf("%f\n",s);
    }
```